老店正潮

人文品牌街區發功

張庭庭 著

推薦序

以人為本，利他更利己

施振榮／宏碁集團創辦人、前國家文化藝術基金會董事長

很多人知道，我這一輩子都在推動「以人為本」的王道思維與實踐，不僅在我自己創辦的企業力行不輟，也深信，這是台灣各領域轉型突破的關鍵，還出版了一系列的書籍，並積極四處傳播至今。科技業與各個行業固然瞬息萬變，但我深信總有一些基本原則可以奉行不渝，同時能一以貫之。

本書《老店正潮》內容所談的「人文品牌」，與我提倡的「王道哲學」，其基本精神相同。作者比我年輕很多，接觸的行業領域也大不相同，但同樣強調把東方文化與「利他更利己」的精神帶進企業經營與品牌溝通。

幾年前，我的老同仁萬以寧曾經帶著幾位他的舊部屬和學生到我家裡，說是向我請益，本書作者張庭庭也在列。當時我就對她致力於「人文品牌」的觀念非常鼓勵，並且和她分享王道六面向價值，在「有形、直接、現在」的顯性價值外，更要重視「無形、間接、未來」的隱性價值。

從本書進一步得知，張庭庭的「商文藝E」跨域融合理念，與我近幾年倡導的「科文双

融」，也就是推動文化與科技的整合，也有略同之處。很多時候，人們總說「隔行如隔山」，商人不懂藝術文化，藝術設計者不擅科技等。其實，真正的創造力可能就產生在行業與行業之間的交會與碰撞。例如電腦動畫與遊戲、新媒體藝術等，就是科技與藝文的協作成果。而我相信，打造一個具有魅力的品牌，即使只是一個小型的企業，也需要更多專業領域彼此串聯貫通。

本書多著墨於如何把人文品牌心法運用於老店的改造，案例集中在大稻埕與萬華老城區。而作者所提之案例皆來自於由她擔任計畫主持人，已行之十年的台北市政府的「台北造起來」計畫。一般小企業或店家，別說打造品牌，就連門面裝修恐怕也很難獨立做得到位。欣慰公部門能有此魄力與格局，循序由點而線至面，讓一個又一個社區注入人文與美感，形塑不一樣的商業地貌與觀光亮點。

我自己在退休後也參與了一些文化相關的政策計畫，深知只要政府與民間合力，將眼光放遠，格局放大，加上資源整合得宜，除了擁有「科技島」美名，台灣的文化軟實力一定可以再上層樓。

這也是我目前積極推動台灣未來的新願景——要成為「東方矽文明」的發祥地，尤其未來還可藉由「台灣貓群」（CATs, Culture, Art, Technology）整合文化藝術與科技，讓台灣在精神文明方面也對全人類做出具體貢獻。

本著提攜後進，點亮台灣的心情，願推薦本書，希望喚起更多同道志士，並藉由書中的案例，相信定能帶給讀者更多的啟發！

推薦序

從實戰而生的地方創生智慧

萬以寧／二代大學業師暨前校長、前宏碁資訊董事長

我與本書作者張庭庭相識已有三十多年，始緣於中國生產力中心（CPC），當時我擔任副總經理，輔佐時任總經理的石滋宜博士。在理工背景人才占絕大多數的大辦公室裡，一個看起來文弱的小女子，似乎有點格格不入，但我對她的敬業精神和洋溢才華印象深刻。

後來她出國留學，回台後創業，一路不停轉進。我自己也從CPC總經理一職卸任進入科技業，歷經高管與董事長，又因緣接下二代大學校長與業師重責，深感企業傳承與接棒之任重道遠。雖然所處的產業領域不同，近幾年來，不斷地在不同場合看到她的卓越表現，心生欽佩。尤其兩次參加由她導覽的小旅行，實際參訪她所輔導的店家，從鏗鏘的語調與發亮的眼神中，更感到她的成功其來有自。

張庭庭推動「人文品牌」的觀念多年，並蔚然成為一個潮流。她認為每個成功店家（或企業）的背後都有一個感人的故事。要發掘這個故事，必須要探討這個企業的原始初衷，以及創業者及傳承者的心歷路程；也要了解在時空流轉下，產生了哪些的變化和挑戰。作者用無數的案

例，證明了品牌的定位和價值，若能根植於這個人文脈絡，才能有最樸質的內涵，最厚實的力量，最自信的經營，並發出最感人的光芒。而後加入消費洞察、在地文化、設計美學，最終融匯成跨越年代與疆界的品牌表達。

這幾年台灣熱衷於推動地方創生，而這類型計畫最大的考驗莫過於如何整合設計、文史、商業、行銷等不同領域的專業人才，進行融合協作，賦予店家及商圈新的形象及吸引力。張庭庭以「人文品牌」加上「店家即景點」的概念，率領團隊在大稻埕、萬華等老城區發功，不僅翻轉了無數老店的形象，延續其生命，也成功拉抬了這些區域的商業與觀光能量，可以說是名符其實的地方創生。本書所提到的手法與經驗，對於尋求轉型的店家與從事地方創生的相關單位，都極具參考價值。

《老店正潮》即在分享這些珍貴的經驗。而其獨特的魅力在於：

一、**乃多年實戰智慧的系統性呈現**

本書內容是作者多年累積的現場輔導經驗「內化」後，再「系統性外化」的呈現，完全是原汁原味的切身經驗，充滿了克服各種挑戰的實戰智慧。

二、**是浪漫想像到具體實踐的過程**

有從混沌中尋找品牌定位的「心法」，也有配套展開，以供協調各方共同操作的清楚「步驟」。分享了許多如何從發散到聚焦，再一步一步開展實踐，終於重新找回市場魅力的心歷路程以及實務過程。

三、**促成了許多老店跨世代的傳承及發揚**

重新審視了許多百年老店「傳承」的精神及內涵，從曲折的歷史中，找出最動人的創業初心及多年的堅持，並據此找出品牌故事，引導新世代以新手法「發揚」其新的定位及價值，成功的形成二代的共識和溫馨的融合。

四、**協助政府由點而線而面產生群聚效應**

從個別企業的成功轉型出發，以「店家即景點」的思維及串珠成鏈的策略，善用政府政策及社區資源，產生群聚效應，不但促進了觀光發展以及商圈動能，並且連結數位行銷，使得店家品牌價值的影響力無遠弗屆，老城區再創蓬勃生機。

看完本書，深感內容精彩，乃欣然為序並推薦。

推薦序

「文創設計」為老店賦能、產業創生

于國華／國立台北藝術大學藝術行政與管理研究所副教授

展讀《老店正潮》，案例故事鮮活展現眼前。曾經參與張庭庭的工作團隊，目睹部分書中案例再生過程；如今見到完整紀錄報告，還有操作「心法」的無私公開，格外感覺幸運。

初識張庭庭大約在二〇〇〇年初，一次「飛雁專案」成果發表會。當時我在《民生報》任職藝文組記者。當天到達現場，如同市集般排列著案例展示攤位，氣氛十分熱絡；我四處瀏覽，訪問計畫負責人張庭庭，請教「飛雁專案」如何協助婦女創業。我看到這群重新走入職場的女性，煥發著熱情的生命光彩；她們用創意變出了「生意」，也改變了自己的命運。

當年「飛雁專案」的輔導策略，如今看來，是文化創意產業、甚至地方創生的先驅。台灣在二〇〇二年推動文化創意業，二〇一九年推動地方創生，但張庭庭這位美國回來的ＭＢＡ，更早一步運用著類似的理念，輔導了許多一輩子沒聽過什麼是「文化創意產業」或「地方創生」的創業者，從文化或創意中找到創業資源。

當時我也沒想過，與張庭庭一面之緣，開啟她對於我如師如友、超過二十年的情誼。

張庭庭文采動人，重塑品牌的過程，總是回到詩文意境中尋找靈感。乍看之下，似乎只是舞文弄墨、創想一個文青店名，加上一篇附庸風雅的品牌文字；但並非如此。

張庭庭並不是「誤入商界的文青」，而是徹底將文化情感與商業模式完全整合的「文創設計師」。從她的輔導經驗和成功案例中，我深刻了解「文創」做為產業創新的轉化過程，需要整合從產品機能、生產流程、通路形象、品牌感知到商業模式等設計專業。是的，「文創」本身，就是整合多種專長的設計與實踐。文創並不是附加於物件的漂亮形容詞，而是回應顧客心理需求的文化溝通技術；商業模式則是在完成溝通之後，消費者表達支持的交易方式和管道。

張庭庭前一本書《人文品牌心法》，提出「人性商機八字訣」：貪、難、懶、怕、鬆、美、愛、騷。通過這些對於人性的理解，再結合人文品牌「商文藝E」四項元素，構成張庭庭獨道的輔導策略。在這本《老店正潮》，張庭庭讓「商文藝E」四項原則發揚光大，成為「轉念、定錨、跨域、跨代、搭橋、展演、沈浸、擴界」八大招式，更值得仔細品味。

曾有幾次和張庭庭一起拜訪店家。面對經營者的懷疑、不信任，她並不多做解釋、更不曾誘以「未來獲利」的數字，而是一次又一次如同心理諮商般的溝通，深入了解店家問題、困難和理想，甚至老闆業餘興趣、專長和家庭背景都被訪查清楚。輔導策略定調之後，再邀請專業團隊協助提出解方，與店主協商合作方案。張庭庭帶領的團隊，他們的誠懇態度總能讓店家放下對立，一起嘗試努力。《老店正潮》很多精彩案例，店家從悲觀到樂觀，經由文創設計的翻轉，找到了面向產業未來的希望；甚至埋藏店家主人內心深處、本人都無法清楚描繪的夢想，經由老店改造而真實的被塑造展現。

書中「澎玉191」是個經典案例。經過張庭庭的「文創設計」，店家轉型前後完全兩種風格。店主家人之間彼此支持的深厚情感，是張庭庭鍥而不捨、為店家創造可能性的動力來源。從同理心出發，張庭庭協助老闆和太太、這對胼手胝足在迪化街創業成功的夫妻，連結了上一代在澎湖討海的回憶、以及下一代面對產業轉變的創新企圖，寫下一個跨越世代、有傳有承的精彩故事。

「老濟安」和「姚德和」兩家也都是成功的「文創設計」案例。兩家都是沒落的青草藥行業，經過改造成為網紅名店。更重要是，兩家店都持續著跨世代的情感，年輕世代逐漸接棒、傳承著老店的新生命。

台灣人去日本旅行，經常拜訪一些百年老店，羨慕他們延續著家族厚重的品牌精神。台灣近代經濟發展過程中，產業輪動與淘汰都來得太快；如果今天不能保護老店，未來不會有台灣的百年品牌。張庭庭著力多年的「老店改造」，正在為台灣產業創造明日的記憶和光榮。

我也目睹張庭庭將這樣一套輔導模式，向外輸出到澳門並且獲得成功。二〇一七年，澳門加入聯合國創意城市網路，以「美食」做為帶動城市發展的創意主題。但澳門賭業帶來的繁榮，造成眾多傳統美食老店因為成本高漲而難以為繼。面對市民要求傳承美食老字號的要求，澳門政府嘗試用文化創意產業做為策略，協助老店轉型延壽。但是，澳門有活躍的設計人才，但缺乏結合文創元素與市場條件的設計經驗。二〇一八年，經由我的牽線，張庭庭定期前往澳門，以總顧問身份在三年之間，為澳門創造了許多老店再生的精彩故事。

台灣文創發展二十年，我們已經看到，面對消費者對於心靈滿足的渴望，產品和服務除了品質與功能必須與時俱進，更需要重新賦予文化的「意義」。過去二十年，文化創意產業政策推動了台灣設計能力的全面提升；邁向未來，還需要能夠整合文化潮流與多種設計專業的「文創設計」，為品牌和店家創造「心占率」。

張庭庭的《老店正潮》此刻出版，讓我們相信，「老」不等於「過時」、「無用」；老店、舊行業經過時間沈澱，自帶著迷人的內涵。運用文創的「匠心」和「匠藝」，讓經由時間淬煉的文化內涵發光發熱，傳統行業依舊可以冬去春來，迎向新生。

作者序

與老字號的歲月對話

年輕時，自詡滿腔文藝，既醉心於傳統詩詞歌賦，又鍾情西方文學與藝術，卻於產業工作多年後，瀟灑去職，赴美攻讀ＭＢＡ。後來我悟出，西方的商學理論固然有許多值得借鑑，但藏諸背後的競爭與功利算計，非我所喜。自己樂在其中的，其實是協助那些認真的熱血經營者打造品牌，而且是以東方特有的文化質地，去形塑一個個牽動人心又能賺錢獲利的商業臉譜。

一九九七年，我創辦了台灣第一本創業刊物《ＳＯＨＯ甦活》雜誌，進而規劃執行台灣第一個女性創業輔導計畫「飛雁專案」，而後規劃執行中小企業品牌輔導計畫「品牌台北」以及中國陝西省的「品牌陝西」；除了品牌輔導，進而輔導改造特色店家與老店的「台北造起來」計畫，以及受邀執行在澳門的「社區文創」計畫、到中國四川省成都的社區品牌打造計畫等。期間「台北造起來」計畫執行轉眼已十年，二〇二四年下旬，接著啟動了新北市新莊廟街的店家改造計畫。二十多年來，我先後參與了兩岸許多公部門的品牌與文創相關輔導計畫，還有許多民營企業的委託案，累計了超過八百個輔導案例。

以小博大的江湖智慧

走過長江、黃河、渭水、淡水河、大漢溪，我發現廣袤商業江湖中，藏著許多不單只想賺錢的熱血經營者，他們胸中充滿澎湃情懷，只是自己說不出來。同時不是每個企業都能像阿原肥皂、微熱山丘那般，經營者有廣告或策劃相關經歷背景，因此有能力精準且動人地說出自己心中的品牌追求，甚至呈現與執行。

面對那些有志難言的熱血經營者，我與團隊試著領會其心、勾出其魂、捕捉其神，再從族群或在地文化中汲取相映生輝的養份，與企業共同創作，形塑足以匹配品牌靈魂的飽滿身型，然後讓他們重新被看見、被讚嘆、被需要。從新創的一人微型企業到轉型重生的中小企業，一路曲折走來，一次次與缺乏資源的企業主並肩作戰、共歷悲歡。從策略、定位、命名、文字、設計、展布、網路、媒體、活動、內訓……，品牌經營諸多環節無役不與、點滴累積，因此精鍊出許多以小博大的江湖智慧，我陸續將之整理成為放諸四海皆準的人文品牌心法，並於二〇一三年由大塊文化出版成書。

二〇一三年之前，人文品牌心法發功的對象以微型企業與中小企業為主，涵蓋餐飲、食品、傳產、文創與科技等行業。隨著書籍問世，知音接踵而來，也拓展了團隊施展拳腳的領域，包含文旅相關策畫、場域文創策畫，以及老店與老街區的改造等，讓我們在兩岸快速累積了許多精彩案例，也讓人文品牌這把利刃不斷得以淬鍊磨礪，尤其是二〇一五年執行至今的「台北造起來」（台北特色店家改造計畫），雖然計畫中規定只要營業滿三年的台北市店家就可以參加甄選，也的確有不少年輕店家因此改頭換面更上層樓，但更受矚目的是，位於大稻埕、萬華等老城區中，許多成立超過半世紀以上甚至百年的老店紛紛入列。

改變了老城街區紋理

與這些老一代及新一代掌門人的問答交流，一次又一次穿梭往返過去、現在與未來，無數與歲月的對話化為品牌新貌，不僅改變了老城的街區紋理，也讓城市觀光與消費有了另一種跨時空體驗。《老店正潮》便是以老店改造為主軸，分享箇中經驗手法，以及十二家分布在大稻埕與萬華老街區的案例。承蒙時報出版趙政岷董事長催生，時隔十二年，第二本書終於問世。

感謝多年來與我們一路相知相惜的企業主、店家；感謝多年來相信並支持專業的「台北造起來」主辦單位——台北市政府商業處；感謝協力支援甦活團隊完成老店改造項目任務的陳承廷、楊佳璋、廖佳玲、余瑞銘、于國華、顏毓賢等各領域專業顧問；感謝此刻設計、樺致設計、陳舍設計、綠友設計等優秀協力設計團隊；感謝古今哲人賜予豐厚的文化糧倉。最後要感謝熱情有幹勁的甦活創意同仁們，把為客戶打造品牌當作自身志業，各個練成八爪章魚功夫，得以讓輔導成果順利呈現。另外，店家改造案例中有關故事、文案部分，精通現代文學的甦活文案總監林恩如小姐貢獻良多；而有關美學設計的諸多訣竅，長年受到甦活設計總監羅翊的啟發，特此為記。

張庭庭於二〇二四年十一月

目錄
contents

案例　熱鬧門道　Case Sharing——大稻埕

案例　熱鬧門道　Case Sharing——萬華

緣起

磨亮舊招，串珠成鏈——從「台北造起來」說起

在城市中，總有一些矗立於街角或巷弄裡的美食館子、糕點鋪、南北貨、青草鋪、中藥行等，年復一年，歷經市場考驗生存下來，經營者的一貫初心有如酵母，讓歲月得以將市井尋常淬釀出文化芬芳。但時間一久，沒有與時俱進的老店，招牌開始褪色，像一顆顆被時代塵埃落覆的珍珠，光芒不再。

以大稻埕為例，這裡是台北商業發跡的重要百年歷史街區，藏有不少文化古蹟。大稻埕內最著名的迪化街兩側盡是美麗典雅的巴洛克風格或閩式建築老街屋，沿途眾多以批發業務為主的中藥行、南北貨、茶行，加上擠滿祈求姻緣虔誠信眾的霞海城隍廟，盡顯老台灣的迷人風華。

隨著行政重心轉移，產業結構轉變，此區榮景一度褪色。十幾年前，因歷史街屋的保存再造、文創小店的進駐，迪化街南街與中街逐漸吸引不少尋幽探訪的文青與國際觀光客，然而真正有當地特色與故事的老店，卻面臨時代變遷、客群逐漸流失的窘境，店面非自有的店家，撐不住高昂租金，開始一一退場。

但老街若沒了老店，還能是老街嗎？

從大同大不同起步

二〇一六年，台北市商業處魄力地開啟了「台北市大同特色商圈傳統店家品質提升計畫」，以深度輔導與改造為計畫訴求，吸引我帶領甦活團隊投入執行。首年，輔導家數有限，我們先將重點投入大同區內的大稻埕街區，透過甦活特有的人文品牌心法，從品牌視角、文化梳理入手，聚焦提煉出每家獨有的價值特色，調整商業模式或產品架構，撰寫一系列品牌論述文字，並定調美學風格之後，再交由甦活設計部門或其他設計團隊根據上述心法產出，執行各項平面與空間設計翻新。

如此協助街區裡一間間傳統店家進行人文化改造升級，並企劃各種小旅行，打造文化與商業有機融合的文旅體驗，不僅大幅提升老店業績，更吸引眾多年輕人與國際遊客走入老店。

這個簡稱「大同大不同」的傳產店改計畫後來擴展到整個台北市，並與另一個二〇一五年起始，也是由甦活團隊執行的「美食店家再造計畫」合併，成了「台北造起來」計畫。不僅地區擴大、家數增多，參與改造店家的產業別也更加多元，到二〇二四年底一共累計有一百九十五家店，超過半數為深度改造輔導，其他則為品牌論述調整，設計局部提亮。參與店家除了得到免費的課程、輔導、文案故事與行銷資源，深度再造店家還有二十至三十萬元的設計預算挹注，店家則要自付店面裝修的材料費與施工費。

思維轉化與經營變革

接受改造輔導的店家中，多數是三十年以上的老店，百年老店將近二十家。受限於專案期程，每年僅有約四、五個月的時間，得完成二十多個店家的改造工程，包含二至四次面對面個別諮詢訪視，八至九堂集體經營實戰培訓課程。從品牌定位至設計改造，援引店家與在地歷史，注入文化的活水源頭。首先進行思維更新、客群設定、商模調整、文化梳理、故事挖掘、品牌聚焦、中英文名稱調整、Slogan 與故事文案、美學風格定調等，然後才據以重塑 Logo、企業識別（Corporate Identity，以下簡稱為ＣＩ）、產品包裝，最後換新招牌門面與店內空間，還要建議消費場景、互動體驗與社群行銷的策畫創意，並辦理各種相應的行銷活動與影片拍攝。整個過程，可用「人文品牌三部曲」來一以貫之。

人文品牌三部曲：品牌定位→品牌塑造→品牌推廣

在品牌定位階段，著重於經營模式與特色定錨、聚焦，深入了解店家背景、歷史、專業與經營者人格特質，再整合商品優勢與經營管理資源，進而打造出「只此一家，別無分號」的品牌圖騰。而後進入品牌塑造，將特色加以顯化、放大，實際協助執行或改善ＣＩ、包裝、品牌命名、品牌故事、商品文案、網站設計、空間陳列等等品牌相關事項。品牌塑造完成後，挹注媒體曝光、展售機會、網路行銷等各式資源，並以教練式輔導培育店家社群經營能力，以便日後自力進行品牌深耕與傳播，加速提高店家品牌能見度與知名度。

人文品牌三部曲

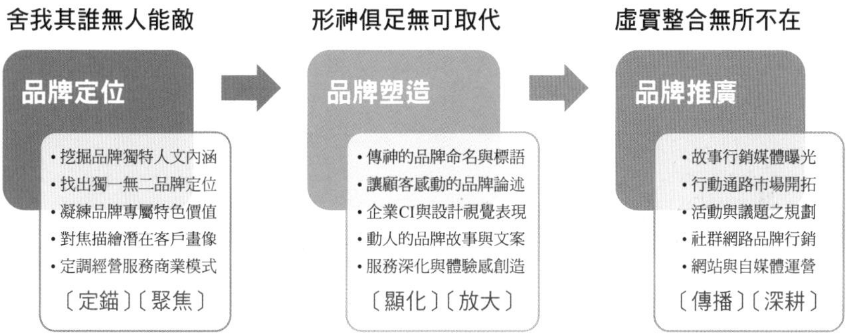

舍我其誰無人能敵	形神俱足無可取代	虛實整合無所不在
品牌定位	品牌塑造	品牌推廣
•挖掘品牌獨特人文內涵 •找出獨一無二品牌定位 •凝練品牌專屬特色價值 •對焦描繪潛在客戶畫像 •定調經營服務商業模式	•傳神的品牌命名與標語 •讓顧客感動的品牌論述 •企業CI與設計視覺表現 •動人的品牌故事與文案 •服務深化與體驗感創造	•故事行銷媒體曝光 •行動通路市場開拓 •活動與議題之規劃 •社群網路品牌行銷 •網站與自媒體運營
〔定錨〕〔聚焦〕	〔顯化〕〔放大〕	〔傳播〕〔深耕〕

老店改造的成果與挑戰

多年改造下來，不僅個別店家營收與戰力提升、老店順利交棒接班，更讓人欣慰的是，大部分經營者有了明確的方向感與使命感，做事業不再只是為了餬口，而是一份可以與人分享的快樂志業。甚至，許多同屆、跨屆的店家成了策略聯盟夥伴，彼此結伴同行。

老店改造確是一項艱難的挑戰，店主經營了一段不短的歲月，一開始總有當局者迷的主觀認定，免不了無數溝通與說服，早年光是改名字就要琢磨許久。其他諸如觀念的拔河、世代的爭執、空間的侷限、舊習的逆襲、美感的偏執、預算的糾結、期限的壓力、不安的反覆……，中間需要經過許多跨世代、跨專業、跨團隊的溝通協作，然而只要用心體察並回應店家的期待與限制，多數難關終會迎刃而解。

可喜的是，繼大稻埕迪化商圈之後，艋舺、永康、士林、文山等商圈改造店家也形成串聯，點線面的漣漪效應逐漸擴大，有意願參與計畫的店家也愈來愈多。

到二〇二四年底，大稻埕地區參與改造的店家累計有四

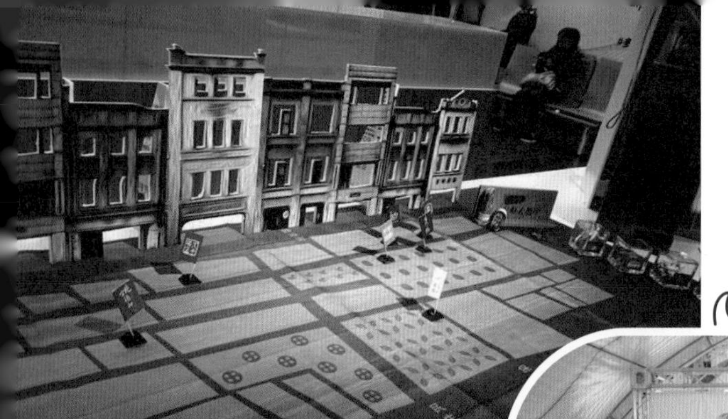

台北造起來店家 Google 地圖

十一家，萬華區三十八家，是改造店家最集中的區域。行過台北街頭，總會在不經意間瞧見，這兒一家、那兒一家，出自自己手筆的中英店招與 Slogan 在陽光下閃耀著，尤其走在改造店家最集中的迪化街北街上，兩三步便有一家，常見老闆們滿面笑容，此起彼落地跟我打招呼。

面對產業局勢變遷、消費力道轉移、傳承接班斷層的危機，文化創意與設計的導入，必須以活絡商業運轉為前提，在文化與商業有機融合的情況下，讓老店與所在的商圈與街區展現吸引人流的魅力。而走入一家家老店彷彿走入一個個故事場景，加上互動體驗的設計，再結合附近的古蹟、文史景點及美食，原本單純的逛街購物變成了文創小旅行。

由點而線，點亮街區

許多城市的老社區、老街區、老鄉鎮里，隱藏著許多值得打

磨的特色店鋪。店主的經營情懷經過歲月的沉澱，成了無可取代的人文資產，但若不做些改變，他們可能後繼無人，如老照片一般漸漸泛黃消萎。以人文視角轉換店家的商業思路，在這些店鋪的專屬生命印記中，注入文創能量，像打磨珍珠一樣，老店也能煥發新生。

此外，在一家家老店內外、公共場域裡，融入所屬社區或街區的歷史、文化與生活方式，並以跨世代、跨種族的語彙，轉譯成年輕人、外國人也能欣賞的文字描述與美學場景，那麼打磨出來的就不只是個別的一顆珍珠，而是一串燦然的珍珠項鍊。社區本身，也有了整體的品牌符號，甚至成為國內外文旅觀光亮點。

「台北造起來」的成績與模式被看見之後，疫情前我在澳門與成都參與了相似的計畫，儘管手法與重點不同，目標都是透過重新打造老店，串珠成鏈，活化老社區與老街區。

本書以此為主題，並挑選大稻埕、萬華兩個老城區的改造案例，希望能讓讀者窺悉亮麗老店的背後，一連串的布局籌謀與深度思路。最重要的是，被重新打磨擦亮的，不只是招牌，還有人心！

人文品牌就是——

凝斂舍我其誰的情懷，誠于中形於外；

讓顧客因你而感覺自己存在，

所以願意用荷包為你喝采！

——張庭庭

招式

心法與手法

Smart Moves

01
轉念
店鋪思維變品牌思維

乍看之下，經過改造的店家大半有如醜小鴨變身，甚至變成網美打卡點。但這些「變身」店家，其實除了顏值與風采提升，在輔導過程中，著墨最多的關鍵點則是協助店家從「店鋪思維」轉向「品牌思維」。

所謂的店鋪思維是傳統的守株待兔、產品導向、買賣交易、甚至隨興而為；而品牌思維則是隨著時代轉變科技進步，讓銷售變得無所不在、用戶導向、重視價值交流，進而布局深耕。

從招牌到品牌

大部分的老店，經過歲月淘洗還能存活下來，多憑藉著其自身產品優良、信譽可靠，再加上服務親切、能說善道。經過口碑相傳，久而久之，積攢了不少忠實老顧客。只是隨著時移境遷，當商業環境發生翻天覆地的變化，他們開始發現，老客戶逐漸凋零，新客戶難得上門，就算把產品推上電商平台，也是業績平平，不如預期。

守著一面招牌，被動地等待顧客上門購買，就是店鋪思維。當產業變遷、商圈轉移、行業競爭加劇、消費方式改變、重大突發事件干擾（如疫情）等外在因素疊加出現，抱持著店鋪思維的老店便會面臨嚴苛考驗。

所以改造的第一步，便是設法讓經營者換一個腦袋，從守著店鋪的店老闆變成一個品牌經營者，並且協助他們找出獨樹一幟的人文特色，從而隨時隨地主動跟看得見與看不見的消費者，交流分享自家的獨特價值。

例如台北市大稻埕的迪化街上，處處可見的南北貨行，多年前這些店家看起來招牌與門面都大同小異，販賣的商品同質性亦高。陸續經過改造後，重新定位各家特色，有的因家鄉背景與貨源而主推南北山貨，有的分享漁村風味回憶，有的分享天然穀粉配方，有的分享五顏六色雜糧與漁獲，有的分享嚴選日式泰式食材，或是老屋建築。儘管各家商品有部分相同，但經過獨特性之塑造後，樹立個別的品牌辨識度，也能各自擁有一群線上與線下的忠實顧客。（參見文末附圖）

從物本到人本

傳統的產品思維是「以物為本，滿足需求」，所以很多店家容易陷入與同行比較商品優劣，將注意力放在「物」上，而忽略了產品其實對應的是顧客的內心小劇場，也就是潛在需求。用戶思維則是以人為本、創造需求。構成人文品牌的關鍵，不在能否超越競爭對手，而在能否洞悉人心，創造真誠獨特的分享價值。這時代產品花樣太多，一味強調產品的功能或品質，很容易讓人無感。見多識廣的消費者除了打量商品本身，目光還會投向依附於商品背後的情境與故事，因此

「人」才是品牌的主軸。

人，不光是指消費者、目標客群，也包括經營者與團隊成員，尤其經營者是事業的靈魂人物。要幫助店家建構「人文品牌」首要是找回創業時的誠摯初心，將創辦人或接班人的專長、背景、個性與價值信仰，歷經代代傳承融合，忠實反映於產品或服務的內涵，並設法將其提煉後，形之於外，藉此吸引一群惺惺相惜、心有戚戚的消費者，再透過他們層層傳播，分享遠颺。

從隨興到布局

很多老店著重人情味，做生意隨興而為，既無管理制度也無策略布局。但是要從一家店變成一個品牌，除了調整產品結構與定價、開發新商品、吸引新客群，常常也要改變商業模式。例如原本是 B to B（商家對商家）為主，要拓展 B to C（商家對消費者）版圖，或是兩者顛倒過來；或是從單純商品販售朝向體驗場館模式，例如，米食體驗館、中藥體驗館、香料體驗館等藉由讓消費者直接體驗產品的經驗，帶動銷售；或是只經營內用為主的餐飲，增加可以外帶甚至還能宅配的各種商品，增加不同的管道提升營運。面對日新月異的數位時代，以及近年來因為疫情增加的環境變數，強化輔導店家要能夠靈活因應，跨足線上版圖，提升社群經營能力，更進一步不分實體或虛擬，做到線下、線上的一體化布局。

要老店改變商業模式的經營變革，初期不免會遭遇店家的極大抗拒。例如，調整產品價格。不少老店都是自有店面，人力則是都用自家人，讓管銷費用看似極低，而老店以此模式生存多年，甚至從未考量人力增加、產品需要包裝行銷，或是商品到其他通路上架的潛在成本。多數既有產品的毛利偏低，甚至碰到熟客還會隨便賣。因此一旦我提到隨著品牌價值提升，應該於改造後調漲產品價格以預留空間時，很多店家第一反應總是擔心老顧客反彈。經過多次溝通後，仍有些店家堅持不可。因為這些店家只看到眼前方圓五里內的生意，還無法想像賦予品牌價值後，產品即將能夠賣到全台灣甚至流通海外，往往都要看到商機降臨時，才恍然大悟。

從只跟眼前看得見的人打交道，進化到跟看不見的潛在顧客溝通交流，是一家店變成一個品牌的重要觀念跨越。

泉通行改造前的內裝陳列與傳統雜糧行無異。

改造後的「穀來泉」招牌與特色商品陳列於主題牆，加深來客對品牌印象。

After

將閩式老屋作為特色，凸顯天山行的食材主題，並重整陳列。

坐落於百年閩式老屋的天山行，改造前推滿泰式日式的食材醬料，以批發為主。

Before

利用雜糧與特色海產的繽紛顏色，展現新名稱 < 五色本物 > 的鮮明陳列效果。

After

賣五穀雜糧和海產乾貨的永利百崧食品行內裝老舊。

02

定錨

DNA 挖掘與專屬論述

要成為一個人文品牌，企業或店家本身必須擁有超越商業獲利考量之外的價值主張或社會關懷，即使它們幽微難見，或無以名狀，這是跳脫出一般商業性品牌的基本要件。品牌不僅是企業形諸於外的視覺符號，更是彰顯企業獨特無形價值與經營理念的靈魂載體，也就是企業的核心精神。一旦核心精神確立，才能賦予貼切傳神的品牌命名，再把核心精神化約成一套精簡有力的品牌論述。

舍我其誰，無可取代

若不想落入與同行價格廝殺泥淖裡，或淹沒在一堆相似的品牌中，甚至被競爭者抄襲模仿，那麼企業必須找出自己無可取代的元素，讓顧客一心只想找你，更讓競爭者無法模仿。這種無可取代的特點必須提煉於店家自身的情懷與特色，並以此為基礎，從中加入經過萃取、轉譯的相關文化。除了從店家與經營者身上求索，在人文定位的思考中，比起「需要」，顧客的真正「想要」才是品牌依歸。時時洞察、對應消費心理，進而打造專屬的獨特價值。這樣的定位方式，充滿情感張力，也讓品牌有了舍我其誰的獨特風格。

然而，不是每個品牌經營者都能一針見血地挖掘出自身的特點。根據我多年與各行各業店家及企業主溝通的經驗，很多經營者容易陷入「當局者迷」，看不到自身的特色，或忽略手中握有的寶貝。更多人是隱約知道，但胸中澎湃苦於說不出來。

這時我和團隊常常得扮演知音，見其之所未見，言其所難以言，在一團蛛絲馬跡中，幫業者挖掘深藏的寶礦，並且用精準語彙，一言以蔽之。我們整理出以下線索，來協助企業主挖掘品牌的ＤＮＡ，包括：品牌歷史、家傳精髓、特殊產品、材質工法、成長背景、夢想熱情、專長抱負、人生際遇、生命感悟、生活態度等。

將這些跨越世代的品牌印記與個人經歷，透過書面問卷、資料爬梳與面對面訪談，從中摘菁取華，再萃取融入相關文化元素，如在地風土、祖傳技藝、節慶民俗、詩詞歌賦等，最終提煉為店家獨特的品牌ＤＮＡ。

一以貫之，雅俗共賞

我們與店家一起找出他們最用心或最擅長的、最具特色的、最與眾不同的獨特點，無論是在產品層面還是情感層面，然後融入故事、文化與消費心理，完成品牌的定錨，並將這些元素聚焦、顯化、放大，形成獨特的品牌記憶點。由此展開一整套一以貫之、前後呼應的品牌論述建構，從中英文名稱、定位語、宣傳語、品牌故事、商品命名文案、品牌金句、對聯等，

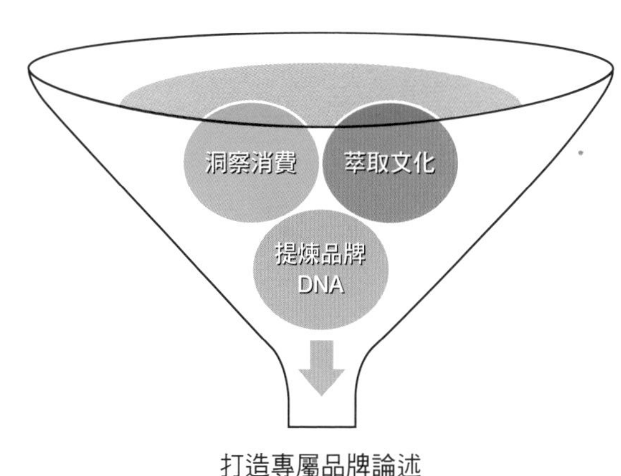

打造專屬品牌論述

這些論述文字除了務求精簡有力，引人共鳴之外，還得適合經營者風格或行業特質，或草根一些，或文雅一些，有的台味十足，有的洋氣外露，有的幽默逗趣，有的感性洋溢。無論何種風格，總要盡量做到雅俗共賞，字裡行間有時藏著典故或機鋒，明白人往往會心一笑，但就算只看字面意思，還是能直觀領會。

例如，東西方香料烏托邦——「有多聞」稻埕香料館，由於館內提供超過兩百種世界各地的香料產品與知識。品牌名稱，取自《論語》中的一句話：「益者三友：友直，友諒，友多聞」。這裡的「多聞」不僅表達了該館擁有各式各樣的香料產品，還意味著「博學多聞」的品牌精神。即使是已把《論語》還給國文老師的人，也能通過名稱理解到，這裡的香料品類豐富，能讓人「聞」到世界各地的香氣。

03
跨域

商業與文藝有機融合

自二〇一九年至二〇二一年，我擔任澳門社區文創項目的顧問，這個項目主要是由經過甄選出來的澳門設計師或文創團隊，來改造當地老店。我的任務是幫這些團隊上課，並審查、輔導他們的改造方案，包括設計與故事文案。第一次參與的設計團隊，都會經歷一段痛苦而充實的磨練過程。

專業大不同，隔行如隔山

過去，設計師的作品如果足夠炫目，有經驗的澳門業主（例如觀光酒店或大型餐飲品牌）通常會輕易買單。但當這些設計師與老街區的小店主打交道時，完全是另一回事。儘管政府補助豐厚，店主們還是得額外自掏腰包，當然希望錢要花在刀口上，但什麼才算是「刀口」？設計師與缺乏品牌概念的店家常常陷入雞同鴨講的困境，例如店名該不該改？該怎麼改？更遑論商業模式的更新、空間動線的調整、品牌故事的建構等雙方各自未曾碰觸的領域。

每月一次的提案審查輔導會議上，設計團隊經常面臨一次次的批判與修正建議，我都能感受到他們深切的無奈與無力感。有個設計方案甚至修改了十次還未能通過，這讓我有時候也不忍心，心裡想放水過關，然而，主辦單位行事風格「鐵血」，不容輕輕放過。好在，多數團隊都能咬緊牙關挺了下來，並且因此而有長足進步。甚至有些一開始視我為「寇讎」的設計師們，經過並肩相挺後，後來都和我變成了朋友。

二〇一九年第一屆成果發表會後，有位設計師告訴我：「一開始我對品牌故事的寫作很不以為然，覺得在台灣也許行得通，因為台灣人比較有文化，但澳門人應該不會懂得欣賞這些故事。沒想到，改造完的老店門口一放上品牌故事板，就有年輕人停下來觀看，還不斷點頭稱讚。」剎那間，他曾因風格定位與故事內容被批到體無完膚的痛楚，都值了。

商文藝E四重奏

在進行店家品牌改造過程中，因主事者與設計以及輔導團隊成員的背景互異，難免會各自陷入多重、單一視角或碎片化的思考模式。不說別的，即便只是設計領域，包括產品設計、平面設計、室內設計、建築設計等不同領域，就可能因為專業角度的差異各執己見，難以達成共識。

為了解決這個問題，我提出「商文藝E四重奏拼圖」目的就是為了破除多重單一視角與碎片式思考，建立一個能夠「見樹又見林」的全域思考創意協作系統。

這四個領域是「商、文、藝、E」。文與藝偏向右腦的感性召喚，商與E偏向左腦的理性訴求，各自都需要展現創意。然而，更為重要的，是目前產業界最缺乏的，正是將這四個領域，像

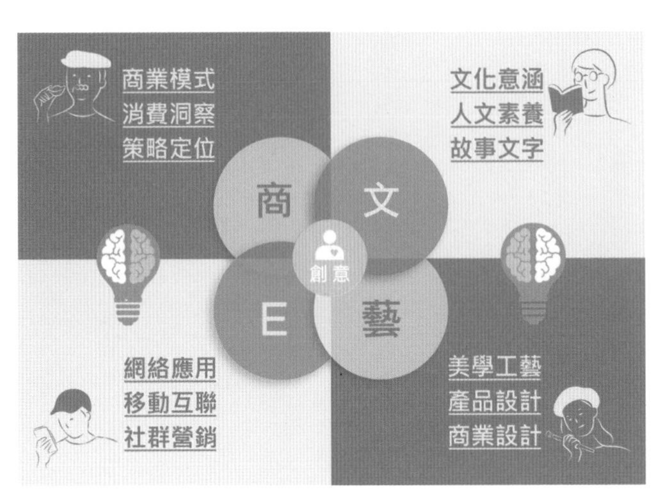

商文藝E四重奏拼圖。

拼圖般融合在一起，並且用靈活貫通的能力把各方高手之創意熔為一爐，同時和諧共奏。讓品牌DNA能夠在每個環節擁有一以貫之的整體感，是品牌改造成功與否的重要關鍵。

在進行品牌策略定位與商業模式調整時，我們要思考如何將品牌的人文資產融入其中，並且用適切的語彙一言以蔽之。如何讓古老傳統與時尚現代和平共處？如何讓老一代企業主與新一代接班人各得其所？品牌識別的CI視覺與店家空間造景又該如何呼應？商品線上販售與線下實體活動要如何串聯？而在思考品牌中文與英文命名、撰寫品牌標語、故事或商品文案時，我們不僅要擷取文化元素，還得考慮如何傳達品牌人文內涵，並注意跟誰對話，關照不同的目標消費族群視角，運用豐富詞彙又得抓到適合品牌的說話腔調，同時營造引人入勝的畫面感，激發人們的想像，並讓設計師便於發揮靈感。

澳門社區文創成果發表。

進入設計階段後，設計師則要負責把品牌的定位與人文意涵，用圖像轉化為具體精準的視覺語言來表達，並且確保設計風格與品牌調性一致，同時也要顧及業主的營運需求與限制。否則可能會出現一些狀況，例如設計師繳出漂亮酷炫包裝的伴手禮，足以贏得設計獎項，卻忽略包裝盒是否容易壓扁存放與商品是否容易組裝的考量。此外，隨著數位科技的發展，品牌數位化的經營也不容忽視，包括數位科技運用、網路經營、社群行銷，不管是設官網、FB、IG、Line帳號、拍短影音，所有的數位溝通，都需要講究符合品牌的風格，並與消費者進行有效的互動。

商文藝E四重奏拼圖不僅是跨界融合的架構參考，還蘊含著跨時間、跨地域、跨對象的全域思考。琢磨當下，同時布局未來；籌謀此處，同時設想他方；顧及這群人，同時關照那些人。

04
跨代

傳統與時尚和諧共生

跨領域、跨世代融合是讓老店變潮店的重要關鍵。前一章提到了跨領域，本章要講講跨世代融合。跨世代有兩個面向，一是消費者面向；二是經營者面向，本章先來談消費者這個面向。

老店之所以需要改造有很多因素，除了經營方式落伍，形象過於老舊當然也是其一。有很多老店苦於吸引不了年輕人，主要就是產品、服務的表達與門面空間氛圍顯得陳腔老氣。那麼直接翻新時髦不就好了？但如此一來，老味道就沒了，像是一家新開的店。

許多人認為，審美觀存在著代溝，熟齡人欣賞的氛圍，年輕人可能會視為過時；年輕人喜歡的風格，可能讓年長者敬謝不敏。但事實上，老派未必等於陳舊落伍，新潮時尚也可以挾帶復古韻致。從文字腔調到視覺氛圍，如何融新惜舊，讓歲月感與時代感和諧並存，年輕人覺得驚艷有趣，又能顧及老一代的懷舊美感，甚至連外國遊客到訪，也能夠產生觸動，這便是我在改造老店時追求的美學效果。

同時吸引跨世代消費者

那麼，如何在設計上做到跨代吸引呢？除了講好店家故事、注意設計、圖案與用色風格，還有以下幾種方式：

- **用語變得鮮活：**前面提到論述文字要盡量做到雅俗共賞，為了讓品牌年輕化；從店名、標語（Slogan）金句到產品命名與文案，都可以改用有活力、有新意的腔調。例如，我將華西街的「小王清湯瓜子肉」改為「小王煮瓜 Wang's Broth」，並以「吃過的人都誇」這句 Slogan 來幽默呼應「老王賣瓜，自賣自誇」的諺語，原本平凡的小吃店面空間，則加上以故事化的手繪風格，大幅縮短了老店與年輕人之間的距離。
- **老物件新呈現：**在進行改造前，我們會要求店家盡可能提供過去老照片、老器具與老物件，包含老秤、老藥櫃、老油勺、老茶壺、老桌椅、老漁燈等等，這些老東西會以新姿態但不突兀地方式融入空間，成為店面亮點，甚至扮演空間中畫龍點睛的說故事者。例如位於台北市天母「南台灣眷村的繞樑好味——餃當家」，店家父與子都熱愛提琴及古典音樂，將店主收藏已久的老舊大提琴佇立於眷村風店門口，樂譜架放上菜單，成為獨樹一幟的迎賓風景。
- **新材質仿舊感：**有時候「舊」未必不好，反而能成為一種美感，甚至連年輕人都會欣賞。然而大部分老店的空間陳舊得毫無美感可言，此時，在設計改造時，可以選擇適當材質，例如木頭、鐵件、布幔等，適當地搭配燈光與配件，反而能營造出仿舊氛圍，展現出既傳統又時尚，既東方又西方的混搭美感。

- **歷史感新畫風：**老店的歷史和工藝特色，除了用簡潔有感的文字說故事外，很多時候需要透過圖像來表達，無論是Logo、圖騰設計，還是藉由手繪風插畫，都能讓顧客一目了然地感受品牌故事。而且，圖像的構圖、線條與配色，適度運用現代感的筆觸，反而能藉由畫風成為古早敘事的時尚表達。

例如，原名「昌吉紅燒鰻」的「娥嬤炖鰻」，店家新Logo是以醃鰻的紅糟封甕為主體意象，搭配兩條對稱的黃金鰻，再以手繪重現當年創辦人月娥阿嬤在土地公廟旁擺攤賣紅燒炖鰻的場景，而手繪的「黃金鰻的旅行」大型橫幅場景繪圖，展現了黃金鰻從產地印尼運送到台灣，經過紅糟陳釀、中藥熬湯到美味上桌。品牌故事與餐飲發展歷程、料理工序並陳，輔以紅、藍、金的鮮活色彩與圖案，讓老店歷史躍然牆上，古風新意兩不誤。

改造前，老藥櫃被淹沒在存放草藥的凌亂倉庫一隅。

有著歲月痕跡的老藥櫃，在改裝後成為姚德和青草號的顧客必拍取景點。

Before

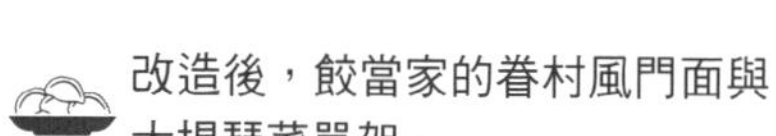

改造後，餃當家的眷村風門面與大提琴菜單架。

改造前，餃當家的門面與菜單架。

After

After

更名後，「娥嬤炖鰻」的特色店名與紅藍金鮮活色彩店裝，讓老店有了新風情。

昌吉街紅燒鰻改造前就如一般小吃店。

Before

改造後，圖文並陳的老照片，再加上「黃金鰻的旅行」大型橫幅，完整呈現老店故事。

改造前牆上掛著當年在土地公廟旁擺攤的老照片。

After

05

搭橋

交棒與接班圓滿過渡

跨世代的融合不僅針對消費者，還要關注到經營者。如何順利進行世代交棒，是所有長青企業最終要面臨的課題，也是老店能夠延續生機的關鍵。改造過程中，經常遇到兩代經營者同時共事，由於經驗與視野有代溝，往往會對於改革產生歧見。

年輕一代不願延續上一代的傳統方式，而老一代則因不熟悉新作派而感到不安，這樣的衝突會在新產品與舊產品、新名與舊名、線上與線下，還有商業模式的調整、產品線簡化、價格更新、陳列動線變化等方面產生激烈的拉鋸戰。兩代之間觀念和知識差距形成代溝，自古皆然，只是在瞬息萬變的新時代，顯得尤為突出。很多時候，即便老一代有意交棒，由於過度固守傳統，導致年輕一代興致缺缺，甚至有放棄接班的想法。

根據我多年協助老店經營者交棒傳承的經驗觀察，上一代抗拒改變的表象下，其實藏有以下諸多心思：

一、怕流失老顧客

老顧客是老店賴以生存的基石，且老顧客多是由老一輩經營者親自維繫，因此他們唯恐新樣貌會讓老顧客掉頭而去。「改了新名字後，客人會不會以為老闆換人了？」、「不行啦，調漲價格客人不會接受！」、「這個產品買的人雖然不多，但還是有一票死忠支持者，不能不賣！」，這類對話經常在改造諮詢會議中，重複上演。究其心理，這些抗拒的背後，對於老一代店主而言，除了怕影響生意，更擔心的是很多老顧客已成了老朋友，怎麼能得罪呢？

如何打破這個心結？根本的解方便是讓經營者認清，老顧客終究會隨著時間逐漸凋零，而改造的最主要目的是為了帶進更多新的客群，尤其是年輕人。否則，下一代即使接班，恐怕只能坐吃山空，沒有未來可期。更重要的是說服他們，真正欣賞、支持你的老顧客們，改造之後不會離開，那些會因為漲價就棄你而去的顧客，多是貪便宜的人，這類顧客會被更多識貨且消費力高的新客取代。當然，在改造中若換上新名稱，老字號原名依舊會被保存在某個顯眼處，以舊匾額或旗招的形式，提醒著舊雨們：「我們還在！」

二、商品愈多愈好

老一輩做生意，深怕商品擺得不夠多，陳列面積不夠大，會錯過顧客眷顧的眼神。不但貨架塞滿滿，店鋪的走道地上擺放，連騎樓也不放過。然而，這種「堆積如山」的方式往往適得其反，陳列過多的商品，沒有重心、沒有美感，會讓顧客眼花瞭亂降低流連其間挑選購買的意願。其實老式「愈多愈好」的商品陳列的背後心理反映了老一代成長於物資匱乏年代的後遺症，以及抱著「輸人不輸陣」的較勁心態，尤其，當一條街上有數家同行時，不難發現這些店家上演著

「你有，我也要有」，「你推出一台花車，我包辦兩個柱面」的競爭態勢。

要讓老店能夠重新吸引過路人，這時我就會苦口婆心推銷「減法美學」外加「陳列美學」，藉由減少品項，突出重點，有時得犧牲一個貨架變成品牌故事牆，或是清出騎樓還給行人。說服店家在陳列商品時，要追求質精而非量多，因為「人無我有」才是吸睛又能引客上門的王道。

像是，二〇二四年底完成改造的百年傘家——雨洋工坊（原建興陽傘），曾經連續數年向北市府申請改造，但是都未獲入選，關鍵就是因為捨不得放棄堆滿了騎樓的貨架，不願承諾改變。最後，是年輕少主使出殺手鐧，逼使父母勉強同意清空店前騎樓柱面，改換燈箱後，才順利申請改造輔導。就在店面整體改造後沒幾天，少主開心地告訴我，以前顧客進店的消費額多數為幾百元，經過 Logo 與門面煥然一新，陳列商品一目了然，很多顧客一次購買就是幾千元，客單價將近十倍成長，讓他的父母一掃心中疑慮。

三、不放心下一代

老一代的經營者辛苦了大半輩子，即將步入退休階段，有意交棒，卻又放心不下。尤其是對於曾經在外工作的子女，擔心他們對於家業尚未全盤掌握，不論是商品知識、營運流程管理，還是供貨端與客戶端上下游人脈。長輩嘴裡不免擔心這、擔心那，或是眼神中帶著欲言又止的不安。

在我的輔導經驗中，觀察到有些長輩的擔心是來自「恨鐵不成鋼」的心理作祟，有些則是因為觀念與視野和下一代不同，長期累積而造成彼此的隔閡與誤會。例如，老店家的兒子回家參與家業後，努力把原本以批發為主的商品做成零售小包裝，還上架到電商平台販售，但是在改造前，因為缺乏品牌形象與行銷策略，導致電商業績不出色。當時經常扛重物進出貨的父親，老是看到兒子坐在電腦前，因此責怪兒子不務正業只知玩電腦。在輔導團隊協助溝通之後，解開父子之間的誤會。再加上改造後，整體業績倍數暴漲，兒子負責的電商營收也很快超過父母主掌的實體店，父親終於承認兒子比自己厲害，放心地將掌舵大權全部交給兒子。

面對長輩的不安，我建議最好的方式是「循序漸進」，讓年輕一代先有部分獨立發揮的空間，例如，發展電商、拓展新通路、開發新品、策畫伴手禮、經營社群自媒體等，從上一代不擅長的領域著手，然後再逐步接手全局。

四、怕自己沒舞台

相對於不放心下一代，另外有些還積極在一線營運的長輩，一方面願意嘗試改變，另一方面又擔心自己的角色會因為改變而失去重要性。這些長輩原本是店家的主要操盤者或靈魂人物，但是當輔導團隊與下一代攜手改造，大夥開始討論如何轉變商業模式、汰換產品結構、引進新客群、經營社群時，甚至如何善用現代科技，例如 ChatGPT、ＡＩ客服等這類新興議題，長輩們卻很難插話參與討論。這時，我常能捕捉到他們眼神裡一閃而過的失落感。這種失落感，長輩們不會言明，忙著改造大計的下一代也多半未及時察覺。

例如，台北市迪化街南街的布行「漫花時」（原名維鴻布行）是以女裝及家用布料為主力。當迪化街上，原本成排的布行，一家家不敵時代巨輪而消失，維鴻布行以推薦布種、剪裁技術的口碑，勉力支撐。老店主的兩個女兒，具有裁縫手藝欣然回家幫忙，甚至引入時尚感的花布與布藝品，還在店門一側增設豆花鋪。女兒們也用心經營社群行銷，逐漸吸引年輕客群上門。但是老媽視若珍寶的成綑各色舊式布疋，原本占據店鋪裡一大面牆，年輕人覺得老氣過時又占空間，最好不要出現。在討論改造方案時，我注意到媽媽沮喪的眼神，於是跟女兒們溝通後，決定特闢一個角落，讓那些布疋以復古感的方式擺放，還能夠當作豆花鋪客人打卡拍照時的有趣背景。

同時滿足跨世代經營者

不論是上一代是不放心下一代，還是不願意自己提早被淘汰，要讓跨代經營者能夠和諧共存，最好的辦法就是同時滿足兩代的需求與期待。

以產品變革為例來說，有時會利用店面的兩堵陳列牆，一面是改善過包裝的老產品，另一面是新開發的產品，老將少帥各擁一邊，以一致性設計形象串聯，如大稻埕百年老香鋪陳振芳，一邊是第三代新研發的生活文創香「振氣凝神」；一邊是祖傳的祭祀用香品「芳氤迴真」。這樣的布局有時候還能促成兩邊攜手演出，例如，迪化街上的「聯通漢芳」（原名聯通貿易），店內的右側是老爸擅長的傳統中藥材，左側是兒子熱愛的西式花草香料，既然品牌名字有「聯通」二字，於是，我建議他們開發一系列漢方中藥結合西方花草的新產品。

再看看萬華老牌青草店「老濟安」。訪談中，我們發現，花了數十年研究青草藥的老闆很想將自己畢生所學傳承下去，然而兒子卻對青草藥傳統的批發經營模式不感興趣。於是，我們協助規劃了「青草茶吧」，在店中擺放的吧檯，既是爸爸的青草知識講台，也是兒子的時尚飲品舞台。用吧檯讓世代交替可以無縫接軌，同時把販賣一包包青草產品，變成行銷具有溫度與儀式感的青草文化。

我與面臨退休階段的上一代店主年齡相仿，和他們有共同的成長時代背景，因此能夠揣度其心思。同時，在經營觀念上，我與很多年輕的少年頭家能夠共鳴，用新時代的語言溝通較無障礙，於是常常得為兩代間搭起協作橋樑。

如何讓上一代店主，仍有主理人的話語權與安全感，同時也讓下一代擁有足以發揮的嶄新地盤，並在兩方間做到完美融合，或是順利埋下世代交棒的伏筆，這是老店新生的重要挑戰。

After

拆掉隔牆，以老布疋漂亮花色為背景，改裝後的「漫花時」，豆花攤和老布疋巧妙搭配成為店內亮點。

維鴻布行媽媽的老布疋占據很多空間，與女兒的新布藝不協調。

Before

百年香鋪陳振芳，傳承三代，保留老產品也積極開發產品。

用一致性設計將香鋪中兩堵陳列牆，區分為換新包裝的老產品和新開發的產品，讓老將少帥各擁一邊。

Before

年輕少主逼使父母同意清空店前騎樓柱面，改裝後，營業額倍增，父母也放心把生意交給下一代。

雨洋工坊的老頭家用騎樓陳列商品數十年，捨不得放棄，也不願改變。

After

06

展演

設計與文字相互輝映

在電子商務與網路購物日益發達的現在，實體店面依然有其存在的功能與價值，只是這些價值一直在疊加與進化，特別是是經歷過新冠疫情的震盪後。從消費購物場域，到情境體驗空間，我認為，一家實體店鋪的存在，除了上述兩個功能外，更重要的意義便是作為品牌展演基地。

一家店散發「視、聽、嗅、味、觸、心」的六感體驗，牽動著消費者對品牌的印象，不只涉及顧客的入店率、購買的提袋率以及消費金額平均客單價，還關乎顧客是否願意回購進而成為常客，不管是再度上門消費，還是轉為線上回購。不僅如此，更關乎消費者是否願意主動在自己的交遊圈分享傳播在該店的消費體驗，包括面對面分享與透過社群媒體介紹傳播。

希望顧客主動進行口碑行銷，店家自身的產品力、服務力與人情味自是不可少，而在改造輔導過程中，我們能為店家大力加分的部分，便是將店家的實力與價值充分顯化，讓消費者產生直觀的視覺衝擊與心靈觸動，進而產生購買行為。要如何幫助店家進行線下線上更有效的品牌溝通呢？這包括了注入文字力、故事力與設計力，並讓它們互相連貫呼應，幫助店家進行線下線上更有效的品牌溝通，也方便顧客可以輕鬆地透過拍照、文字引用的方式，取代「他們家XX產品、菜色很好吃」、「這家店很有特色」等泛泛讚語。讓顧客在社群媒體分享時，能更精準、更有效地深刻傳播。文字的部分主要是品牌論述。廣義的品牌論述，包括品牌中英文命名、定位語、標語（Slogan）、品牌故事、專屬關鍵字、商品命名、商品與活動文案等等，圍繞著品牌的核心價值，一定要前呼後應。建構品牌整體的溝通體系品牌論述扮演下列四種重要的功能：

1. 事業方向的藍圖

2. 品牌風格的告示

3. 品牌溝通的腳本

4. 品牌傳唱的素材

一個成功的品牌中英文命名，不僅要能闡釋品牌價值，還要響亮好記、容易發音、容易聯想、容易流傳，同時能展現商品特性，與符合品牌個性。文字最好同時具備畫面感或聲音感，搭配Logo，圖文並茂讓人印象深刻。隨著時間推移，久而久之，品牌名稱便能傳遞遠颺，如雷貫耳。

品牌的定位語以一句話濃縮品牌的核心價值，宣示著店家的立足根本或發展主軸，Slogan則

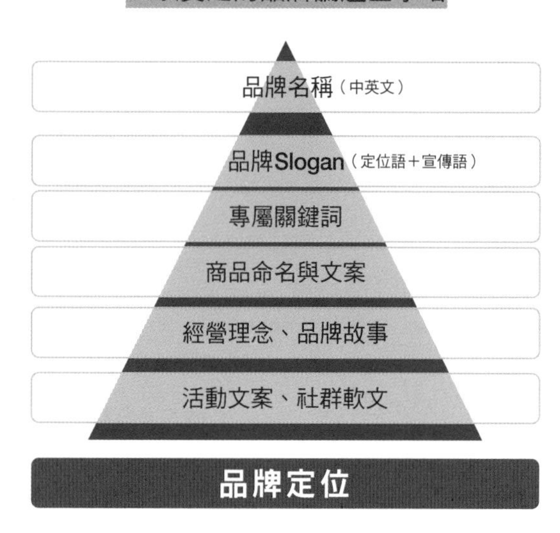

作為對消費者的價值感召喚，以及對潛在顧客的情感動員。一則短版品牌故事，可以藉由約一百多至二百多字，精鍊店家的漫漫歷史與剪影其精采風華，搭配品牌Slogan，以「類散文詩」具節奏感的感性文句，在店內一隅、自媒體及品牌卡上，娓娓訴說，讓顧客在不經意時，對品牌產生情感連結。

文字有畫面，設計有故事

透過大量素材的消化與傾聽店家訴說，我與團隊在構思與撰寫這一系列文字時，除了考慮如何用最精簡的文字傳達品牌人文內涵，並且擷取文化元素融入遣辭用句，還要關照不同的消費族群視角，揣摩能夠精準溝通的說話腔調，來替品牌意象增色。

在文字創作中，我特別注重「畫面感」的營造，尤其是品牌名稱與定位語，可激發消費者的想像，深化品牌印象，同時，有畫面感的文字能夠讓設計師便於發揮，讓品牌視覺更有吸引力。

例如：

- 船承自澎湖灣的山海味——澎玉191
- 老艋舺的第一縷茶煙——福大同茶莊
- 清酒師的究味食樂場——獨樂
- 三代鼎立的熱血台味——大鼎豬血湯

這些文字巧妙結合品牌故事與文化背景，不僅讓品牌更鮮明，也拉近了與消費者的距離，成為品牌內涵與視覺設計間的橋樑。

當改造過程進入設計階段，設計師要負責把品牌定位、人文意涵用圖像精準表達，並且符合品牌的調性風格。同時，圖案設計或插圖、彩繪，也要能與文字相映，幫品牌說故事。正是我在

「老鎖匠的咖啡角落」利用老店的柱子一側，
保留位置給老鎖匠爸爸的行動工作機台。

前篇文章強調的「文」與「藝」要攜手呼應，共同雕塑品牌的人文美學臉孔。

例如，在台北市萬華區有二十年的九日咖啡，改造後的定位語是「老鎖匠的咖啡角落」，因此改造後新的品牌 Logo，便是以阿拉伯數字「9」的圓形中央，加上一個鑰匙孔形狀的向上箭頭。而這個新 Logo 也應用在店鋪設計上，像是在騎樓座位區的桌子上，便是用鑰匙孔圖案在桌子的四個角落挖空，成了固定咖啡杯的神設計。而老店的柱子一側，特別保留位置給老鎖匠爸爸的行動工作機台。當鎖匠休息時，機台可以推進一旁倉庫，再將原來的柱面上折疊的活動木板拉開，就成了時髦的立式咖啡桌。

隨著商業競爭加劇，各種品牌及商品紛紛推陳出新，不論是線上或線下的行銷花招百出，讓消費者的注意力與耐心也在下降，因此能夠「搶眼球」的品牌文字需要更精準而真誠，視覺設計也要獨特而突出。因此在 Logo、招牌、門面的設計，都要抓住寶貴的黃金三秒——第一眼印

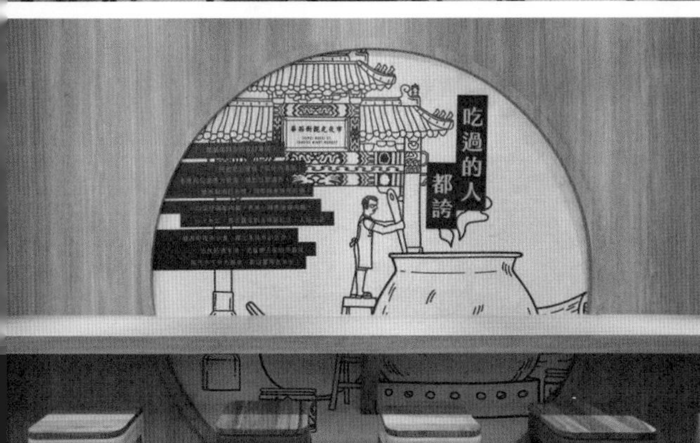

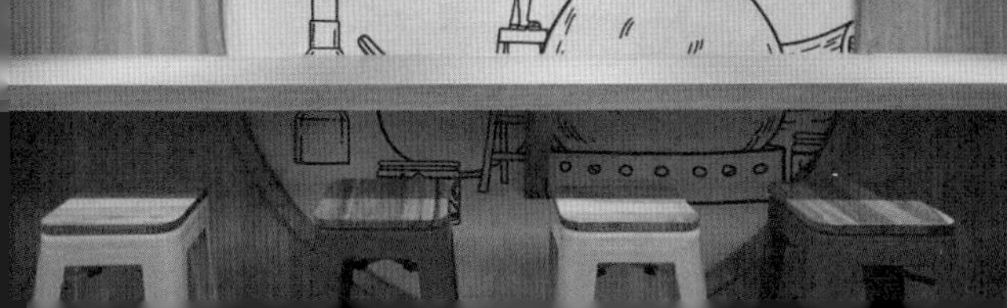

象。當消費者走進店面，整個空間彷彿是個說故事的劇場，而新穎的品牌視覺，就像是戲台上初登場的角色，傾訴這家店的過往足跡與未來志向。

當然，隨著改造施工預算或店家服務人員傳達能力的高低有別，品牌劇場的驚艷程度不一，但是只要循此原則，改造後的店家即是一個有文有藝的品牌展演基地。

07
沉浸

體驗與消費並肩同行

一家店，尤其是一家有歷史的老店，除了是購物消費的場域，經過改造後，變成一個品牌展演的基地，那是否有可能成為一個吸引遊人的「景點」？或是另一種文化歷史的獨特載體呢？

空間場景化與互動體驗

要讓一家店不僅是購物場所，更是讓人流連忘返的景點，將店面妝點得賞心悅目是必要條件，除了環境氛圍，店家提供的服務溫度之外，當消費者走入店中，看到的不只是陳列商品的貨架或是櫃台桌椅等硬體設施，更希望能夠讓消費者彷彿進入一種情境或場景中，在消費過程中創造有趣的體驗更是不可或缺。

例如，懷舊風格的老餐桌與碗筷櫥，具有藥食鋪鮮明的特色與舊時情懷；粗木箱和日式布簾的搭配，展現山貨老鋪的純樸印象；店鋪角落擺放大圓桌與牆上插畫，可以再現品牌源自辦桌文化的淵源；利用阿公留下的老舵與漁燈，重建漁船的意象，進而形塑來自澎湖的山海味。塑造劇場式氛圍能讓店鋪的空間美學更細膩，更能夠感受到品牌的文化。

體驗感的創造還可以透過互動裝置、活動設計或專屬儀式感來實現。例如在空間一隅打造微型博物館，以糕餅、中藥、香料、青草、織品、音樂盒、稻米文化等元素復刻該品牌的歷史場景，或是所屬行業的文化遺產。如此不僅能夠吸引顧客打卡拍照，更能豐滿、拔高了品牌形象。

以萬華龍山寺旁的青草巷為例，那條巷子孕育出多家歷史悠久的老字號青草行。其中，遷址後的「老濟安」首創了「青草文化茶席」；而擁有百年歷史的德安青草，其二代店「德草安青」在二〇二四年底改造完成，推出趣味藥籤牆，將人們帶回「龍山寺求藥籤，青草店抓藥帖」的古早時光。

體驗感還能夠以行動方式呈現，例如，百年香鋪「陳振芳」推出品牌卡，透過設計巧思，卡片能迅速轉換成簡易香插，方便消費者可以隨時隨地使用，在裊裊煙香中，顧客同時以視覺、嗅覺與觸覺記住了這個古法手作的環保香品。

店家即景點

ＤＩＹ體驗是另一種提升顧客感受的方法，透過手作活動，能夠讓顧客深入品牌文化，形塑獨特的品牌風格。例如，ＤＩＹ研磨專屬香料、簡易縫製青草驅蚊包或是揉製蔬果麵條等活動，讓顧客在參與中感受品牌的用心與創意。

以致力於中藥現代化溯源的「德利泰」為例，在其精心打造的中藥互動體驗館中，圖文並茂介紹各種中藥從種植、採收、加工到包裝種流程，展示各類植物、礦物、動物類的中藥，還有辨識中藥真偽的教學，搭配中藥茶沖泡教學與試飲，舉辦中藥養生講座。此外我們特別設計中藥虎頭包的ＤＩＹ試包體驗活動。利用一張具有品牌元素的虎頭包包裝紙，包裝紙的中央精心編排印製了虎頭包故事，四周邊界方形排列文字，搭配兩頭老虎造型與旁側便是摺紙引導虛線，讓大人與小朋友拿到虎頭包包裝紙都能輕易上手，在有如趣味美勞課過程中，認識中藥的博大精深與品牌傳承的良醫精神。

在社群媒體盛行的年代，拍照打卡已成網紅與一般民眾的習慣，也是實體店家得以吸引顧客到店消費的有效手段。然而，僅透過搶眼的視覺設計，只能創造短暫效應。如果只靠空間視覺吸睛總有更漂亮炫目的設計能夠超越。因此，打卡點的設計必須回到本質，也就是與店家的品牌初心，與品牌精神呼應，不只吸睛，更要深入人心，進而成為線下線上串聯經營的強力連接點。

德利泰的虎頭包。

德草安青趣味藥籤牆。

德利泰的中藥虎頭包
DIY 試包體驗活動。

菜漆麵匠自製蔬果麵條體驗。

08

—— 擴界 ——

土氣與洋氣兼容並蓄

旅行，不只是對他方空間與景觀的探索，更涵蓋對異域歷史歲月的窺探與追溯，除了參觀博物館，造訪老店更能夠深入了解當地文化痕跡，同時也是獵尋特色好物的最佳選擇。

就像很多人到歐洲或日本旅遊時，都喜歡去當地的老店朝聖，不管是法國巴黎左岸、義大利威尼斯聖馬可廣場的咖啡館，或是日本東京淺草寺、京都清水寺周遭的工藝品鋪與和果子店。

相較上述歐日古城動輒千年歷史，處處可見文化遺產，台北的城市歷史只有百餘年，但是仍有許多特色老店值得一逛，只是過去台灣巷弄裡的老店，很難博得老外青睞，原因在於店鋪給人第一眼的觀感過於老舊雜亂，且缺乏美感；其次則是語言文化隔閡，缺少外語招牌或介紹，讓不懂中文的外國人看不懂店家賣什麼東西，於是多數的外國人都過門不入。因此要如何將老店介紹給國際友人，吸引他們前往，需要費思量。

似曾相識又帶著異域感

關於第一眼觀感不佳的解方，在前篇文章中，提到的改造設計時，將傳統與時尚和諧共生。老店的傳統元素無庸置疑，甚至帶著一點老台灣特有的煙火氣或土味，能讓本地人懷舊，還有可能讓外國人驚豔。而在時尚的表達上，不管是色彩、材料運用，揉合西方或日式風格，往往能對外國人產生似曾相識卻又帶著異域感的吸引力。

至於語言文化隔閡，就必須靠「轉譯」。多數的台灣老店不論在招牌或菜單上很少出現外文，就算店家有英文名稱，多半是中文直接音譯，即使懂英文的人看了有時也覺得丈二金剛摸不著頭腦。我曾經為百個以上的店家重新命名。關於中文名稱部分，很多時候是因為原名過於普通或拗口難記，或是因為商標已經被別人捷足先登，或是與別人已經申請註冊的商標過於近似，而無法登記立案。尤其過去老店多無品牌意識，不知道商號名稱不等於商標名稱，掛在店門口當招牌沒問題，印在商品包裝上，到處流通時就可能有商標侵權的麻煩。因此擁有獨家專屬，不侵權別人也不被仿效冒用的品牌名稱非常重要。

在我的店家命名經驗中，英文名稱的調整或新增的比例就更高了。英文名稱最好能與中文名稱的發音或意義相呼應，或者是提供補充論述，與中文名稱、品牌標語、Logo 意象等，形成一套完整的品牌價值宣示。

讓人會心的英文表達

例如，富自山中（原富山行）英文名稱「Full Mountain」；穀來泉（原泉通行）英文名稱是「GrainChant」；山芳良油（原三芳植物油）英文名稱「SumFine」都是中英名稱的音義皆合。再如，以古法日曬野生烏魚子為標榜的李日勝，英文名稱就叫「Lee's Sun」；東西方香料烏托邦－「有多聞 Utopia Spices」，定位語中的「烏托邦」正是英文名中的「Utopia」，和「有多聞」諧音。或是透過英文造字命名，例如，誠天下葯食鋪（原誠記參藥行）英文名稱是「MediChef」，隱身菜市場裡的蔬果麵條專家——菜漆麵匠（原永恆製麵）英文號稱「VegeNoodler」。

當店家的招牌上多了讓人會心易懂的英文名稱或金句，不僅提高形象質感與國際感，也打破語言隔閡，讓外國消費者勇於進店。若是產品或菜單也加上英文甚至日文、韓文，就能吸引更多外國消費者。甚至透過無國界的社群傳播或外文媒體介紹，在國外先闖出名號，成為了外國觀光客來台灣時，指名到訪的店家。即使原本非常本土的小吃，也常常有高朋自遠方來。迪化街北街上的老阿伯胖魷焿 GRANDPAng' SOUP（原老阿伯魷魚焿），是以攤車起家超過一甲子，改造前絕大多數為內行的本地客上門。二〇一八年進行改造之後，英文名稱以「Pang」一音雙關，點出手作魷魚焿厚胖的特色，以及創辦人龐爺爺的姓氏，店家空間更是圖文並茂地敘說品牌歷史流轉。現在，營業時間時，經常可見金髮碧眼的遊客，坐在騎樓下，吃得津津有味。

人進物出跨越疆界

從「源隆行」改名為「源竹隆香」的百年香鋪，增加了英文名稱「WinLong」，開發祭祀用以外的新產品，再以時尚感的設計與色調重塑空間與包裝，也讓福祿壽喜諸神更加親切討喜。改造後，外國觀光客紛紛入店，還吸引了兩家國際時尚雜誌中文版前來採訪報導。

二〇二三年與二〇二四年，甦活團隊與國際旅館及各大學華語文研習中心合作，在台北大稻埕與萬華執行了多場以外國旅人為主的小旅行活動。以改造店家為主，文化景點為輔，全程英文導覽介紹店家歷史與改造重點，並進行各種體驗與美食試吃。這些來自歐美、日本與東南亞的朋友，紛紛表達了驚艷與讚嘆，原來台灣文化是這樣。

人進了，下一步便是物出。隨著名聲傳遞到海外，這些有條件的老店，乘勢透過小量包裹、跨境電商甚至國外代理，將商品銷往國際。更多挾著些許洋氣的台灣土味產品，終能跨越文化與地理疆界，揚名國際。

外國旅人在川業肉圓開心吃肉圓。

國際網紅爬上姚德和鷹架梯拍照。

聯通漢芳試飲雪蓮子銀耳露。

德利泰抽藥籤體驗。

案例

熱鬧與門道

大稻埕

Case Sharing

傳統南北貨變文青風山貨鋪

富自山中 Full Mountain

一間原本空間狹小凌亂，以批發為主、零售為輔的南北雜貨鋪，從創辦人家鄉的物產與特色，取材乞靈，成功轉型為文青風山貨鋪，成為本地客、觀光客，甚至海外旅客熱愛的零食乾貨補給站，更晉升為網紅級電商品牌。

改造筆記

台北迪化街是有名的香菇、金針、蝦米、鮑魚罐頭等南北貨的集散地，整條街，由南到北至少上百家的南北貨行，每家貨色差異不大，店面外觀風格也清一色，平日以批發為主力，每到農曆春節，就成為婆婆媽媽採辦年貨的熱點。

然而，隨著消費模式轉移，批發與年貨的生意逐漸被大賣場與電商瓜分。老街上，因為古樸建築與新興文創商店陸續進駐，出現了觀光客與年輕人，但是，這些新興客群對看起來老土的傳統店家並不感興趣，老店因而分不到新興商機的紅利，經營壓力愈來愈大。

立地將近四十年的「富山行」也不例外。誠懇殷實經營的一家人，多年前，在第二代加入後，努力嘗試改變，包括推出小包裝產品、從國外進口養生食材，並加入電商平台。不過，這些改變帶來的營運成效不如預期，兩代之間也因誤解而產生摩擦。就在這個關鍵當口，二〇一六年「甦活團隊」接觸到他們，於是攜手展開了轉型再造的奇妙旅程。

品牌定位舍我其誰

得緣於二〇一六年啟動的「台北市大同特色商圈傳統店家品質提升」計畫（後併入台北市店家再造計畫並簡稱「台北造起來」），甦活團隊與富山行的兩代老闆深談過程中，看見了店家背後充滿溫暖人情的故事與特色。

原來，富山行創辦人葉勝富的故鄉在嘉義縣梅山鄉，因為梅山山路顛簸難行，外出採買不易，從日治時期開始，家家戶戶都會自種甘蔗再用古法自製成民生用糖，葉家的親戚至今仍保留著這個傳統。

製作費時又費工，帶著傳承心意與家鄉風土的手作黑糖，僅此買得到，正是富山行最具代表性的明星商品。此外，愛玉籽則是另一個招牌商品，每年夏季盛產時，葉勝富會親自前往中南部山區親自挑選。

來到富山行，像入寶山挖寶。了解了葉家的起家背景與創業由來，再檢視富山行與其他南北貨的產品差異，除了招牌的阿里山手工黑糖及愛玉籽等，還有各式歐美流行的健康食材，例如墨西哥奇亞籽、印度薑黃粉、秘魯藜麥等。這些來自台灣與世界各地的特色好物皆屬山產，正符合富山行的形象，於是我建議以此作為特色，與其他南北貨店家區隔，主軸就是「南北山貨」。

當時，第一代老闆娘面露難色地提醒我：「我們家的蝦米、魷魚也都賣得很好喔。」我回說：「那就繼續賣啊！」儘管產品線可以包山包海，但重點是聚焦在「舍我其誰」的獨特價值，才能在南北貨商店比鄰排列的迪化街上，豎起「只此一家，別無分號」的品牌旗幟。

二代接手後的富山行，要從批發拓展至零售消費市場，由於原本「富山行」的商號名稱無法註冊商標，我們建議另以「富自山中」作為品牌名稱，既表述創辦人葉勝富來自山裡，也呼應主力山貨商品，蘊涵「富饒來自山中」之意，英文名稱「Full Mountain」，音譯也意譯。同時，品牌 Slogan「南北山貨、東西鮮選」，取代了原有的「南北雜貨、批發零售」，以對仗形式，一語雙關，既是定位語，也彰顯其精選來自家鄉與世界各地的新鮮山貨的特色，並於主招牌及店卡設計中，將主要產品連同產地一併標示，再加上品牌CI、小包裝優化與店鋪設計改造，傳遞出嶄新且具國際感的品牌意象。

產品的 Logo 設計與中英文名稱呼應，零售產品包裝貼上 Logo 貼紙後，立刻替產品顏值加分，不但招來容易被包裝設計吸引的年輕人。就連婆婆媽媽型的老主顧，過去買的量有限，但是改了包裝後，婆媽們一次買個三、五包是常事。以前因為產品雖好，但不起眼的包裝只能自用，送不出手，有了設計感包裝後就不一樣了；送禮自用兩相宜，無意中婆媽們扮演了「富自山中」的行銷部隊。

文創轉身客群翻新

原本富山行的倉儲與販賣都在同一個店面，空間安排顯得較為雜亂無序，也與附近的同行外觀無差異點。因應有限的倉儲空間，我們決定將其打造成日系京都風格小鋪，以門簾、仿木地板、懷舊風燈飾來塑造氛圍，舊有儲物的頂層櫃位，則掛上印有可愛圖騰的布簾，讓不得已的雜亂被掩蓋，兼具遮蔽及裝飾的效果。

傳統南北貨行中，常見整大袋的香菇、蝦米等乾貨，直接堆放店內一角。我們改以質樸的麻袋、米袋取代塑膠袋，還能統整視覺氛圍；連同用來陳列零售包裝商品的訂製木箱，外框一一印上「富自山中」的字樣，看起來既溫馨又一目了然。

身處文創小店林立的迪化街中、北段，改造後的富自山中毫不遜色，更開拓了全新的顧客群，年輕朋友、文青客及歐美日旅人川流不息，不只購物，有人更駐足在形象掛簾前，用心閱讀著富自山中的品牌故事。

這樣的發展讓兩代店主始料未及，不僅努力加強英日語的接待能力，同時還因應客群需求，除了阿里山黑糖持續熱銷歡迎，台灣特產果乾、自烘的堅果也成了店內熱賣商品，明星山貨的銷售表現勝過主婦最愛的魷魚與蝦米等傳統乾貨。不只產品有山間氣息，店主一家的溫暖熱情連觀光客也印象深刻。有次，他們接到一封來自日本的書信，原來是一個牙醫師對他們的產品與服務讚不絕口，信中提到不久後要帶牙醫診所同事們到台灣旅遊，並會再度光顧富自山中，結果當天店家準備了歡迎板，迎接這一團日本來客，還一起溫馨合照。

除了實體店面業績連翻數倍，在更換全新名稱、形象視覺與產品包裝後，富自山中的網路銷售成績，也成為電商平台上的績優生，甚至，兩年後，超越實體店。為此，還購置了新樓，做為倉儲與發貨中心。此後，第二代葉亞迪正式接棒，成為富自山中的品牌經營總舵手，並成立自家購物官方網站，死忠的消費族群遍及海內外。

從一九八六年開業至今，經過人文品牌商業重整與文化梳妝，迪化街上的富自山中，藉由文創轉身之後，有了富饒美好的品牌前程。

（品牌梳理、文案與故事撰寫、設計與施工執行——甦活創意）

改造感言

二代葉亞迪

很幸運在8年前的傍晚可以碰到甦活來訪，才得以啟動後續一連串改造，賦予富自山中獨特的靈魂。獨具巧思的設計，可以與店主人的努力相輔相成。這8年來發揮出的效果，已經讓富自山中赫然成長為一棵大樹！

品牌故事

南北山貨，東西鮮選

四十年前，嘉義梅山一個叫阿富的少年郎，
帶著阿爸種的金針乾與夢想北上闖蕩，
幾年後成家，在台北迪化街開一間南北貨行。
搬賣罐頭七大箱才換來一罐鮮奶，
裝貨紙箱是嬰兒床，也是孩子的塗鴉天堂，
日子克難，誠實是真傳寶藏。
阿里山白甘蔗手工費時熬煮黑糖，
愛玉搓揉夏日清涼，乾貨堅果烘焙芬芳，
山貨的純樸實美，新一代來接棒。
從山野到城市，從世界到台灣，
來自山中的富饒，溫暖你我肚腸。

來自山中的富饒——富自山中 Full Mountain

大稻埕迪化街上有個男孩，出生不久就睡在裝貨紙箱做成的克難嬰兒床。再大一點，小男孩開始到處塗鴉，紙箱就是他的畫畫天堂。跟爸爸去送貨是家常便飯，不時還得使出吃奶的力氣，幫爸爸把一綑綑重重的粽葉推上店裡的閣樓地板。

小男孩的名字叫葉亞迪，迪這個字，來自爸爸媽媽對迪化街的特殊情感。一九八〇年代初爸爸從嘉義北上迪化街做生意，和媽媽相識結婚，後來兩人開了一間南北貨行，專做批發生意。爸爸從自己的名字「葉勝富」，和家鄉嘉義梅山，各取一字，命名為「富山行」。

老實的外地人北上打拚，創業特別艱辛。曾經為了周轉，媽媽在家兼差中文打字，爸爸出門當快遞送貨員。當時店裡賣綠巨人玉米粒，一大箱的利潤是十元，每次媽媽要買一罐七十元的鮮奶，就會跟亞迪和他的兩個妹妹說：「這一罐鮮奶，爸爸要辛苦地搬七箱罐頭才能買到，所以要好好珍惜哦！」直到開始經營筍乾批發，生意才慢慢好轉。

二十多年過去，亞迪長大了，師大畢業後原想出國繼續深造，卻因為爸爸搬貨時傷到腰，亞迪決定回家接班，跟著爸媽賣起了南北貨。

從嘉義梅山到台北迪化街

爸爸的故鄉在嘉義梅山鄉瑞峰村，因為山路顛簸難行，外出採買不易，那兒從日治時期開始，家家戶戶都會種甘蔗自製民生用糖，葉家的親戚至今仍保留著這個傳統。以自種的白甘蔗榨汁、熬煮，待水分收乾成膏狀，倒入鐵盤放涼切塊。不加一滴水，全程手工。每天從凌晨三點開始榨汁，一鍋十二斤的純甘蔗汁，要歷時三個鐘頭不停地攪拌避免焦黑黏鍋。一百五十斤的甘

在阿里山上種甘蔗的葉家親戚，製作手工黑糖要歷時三個鐘頭不停地攪拌避免，才能將 **150** 斤的甘蔗，做出 **10** 斤的黑糖。

店家小檔案

店家名稱：富自山中（原名富山行）
店家地址：台北市大同區迪化街一段 220 號
創立時間：1986 年
改造年份：2016 年
傳承代數：兩代

重要紀事

2016 年　參加改造，來客數提高 6 倍，也打開店家網購通路市場
2018 年　另租場域專營網購市場。
2019 年　於門市附近購置較大坪數空間專營網購事業
2020 至 21 年　受疫情影響，實體業績下滑，但線上大爆單
2022 年　成立購物官網，全面更換新包裝／貨運箱

蔗，只能做出十斤的黑糖。

葉家親戚手作的阿里山純黑糖，正是富山行最具代表性的明星商品。含在嘴裡慢慢融化，有著沙沙的口感。原料只有甘蔗汁，毫無其他添加物，每一批都有不同的顏色，外觀看似不完美，卻很純很真很健康。愛玉籽是富山行的另一招牌，每年夏季，都是由亞迪的爸爸前往中南部山區親自挑選而來。水洗搓揉成的愛玉凍，柔嫩滑口，淋上天然冬瓜糖調製而成的糖水，再灑些黑糖粉，一道盛夏裡的清新甜品，盡收台灣山野的芬芳滋味。

除了黑糖與愛玉籽，埔里香菇、玉里高山金針、宜蘭現流蝦仁等，小小店鋪滿是台灣美物。此外，歐美正流行的健康食材，如墨西哥奇亞籽、印度純薑黃粉、秘魯彩虹藜麥、秘魯莧籽、巴西堅果、泰國蝶豆花等，這裡一應俱全。來到富山行，像入寶山挖寶，更令人驚喜的是，不隨市面水漲船高的平實價格。就像「山頂人」的真性情，富山行一家人希望顧客安心嚐鮮，身體心理皆無負擔。

來自山中的富饒美好

沒去當老師，亞迪回家接棒變成南北貨行的小老闆，他不斷開發新商品並拓展網路行銷。妹妹人瑄是他的最佳戰友，兩人總是一同拉著網拍寄貨的大推車，出沒在夜晚的迪化街。剛開始為了與爸爸溝通理念不斷爭吵，五年下來終於贏得了認可。二〇一六

年，富山行入選台北市商業處「台北市大同特色商圈傳統店家品質提升」計畫（「台北，大同大不同」），考量富山行從批發拓展至零售消費市場，顧問建議產品聚焦山貨，以與其他南北貨店家區隔，並將產品品牌命名為「富自山中」，表述創辦人葉勝富來自梅山，也呼應主力山貨商品，蘊含富饒來自山中之意。偕同品牌 Logo 設計、小包裝優化與店面改造，迪化街三十年的傳統店鋪，變身宛如京都巷弄小鋪般的文創南北貨行。

富山行在2016年改造時的場景。

從一九八六年開業至今，老顧客看著亞迪和妹妹們長大。他們常會講起早期店面的情景——櫃台後放著一張小床板，床板上有一個罐頭紙箱，鋪上被巾、小枕頭，就是一張陽春的嬰兒床。老闆娘忙進忙出，一邊照顧寶寶，沒想到，當初的小寶寶如今自己也已經有寶寶了……

山中的寶物無盡藏，如山頂洞人一般，純樸實美。迪化街上的富自山中，賣著來自世界各地南北東西的嚴選山貨，富饒舌間與餐桌。

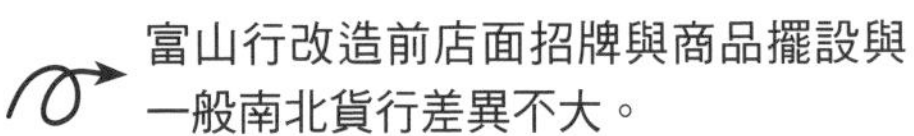
富山行改造前店面招牌與商品擺設與一般南北貨行差異不大。

改造後，品牌名與特色商品都在招牌上一目了然。

賣場兼倉儲沒有區隔，空間顯得有些雜亂。

改造前

改造後

用有設計感的木作與布幔塑造出日式小鋪的氛圍。

日本牙醫師帶同事再度光顧，溫馨合照。

歐美網紅門前留影。

二代店主葉亞迪為小旅行的遊客解說。

印上 Logo 的木箱、麻袋與米袋讓商品陳列更有質感。

祖母級廚灶用品晉級 maker 尋寶天堂

竹木造咖 Grandma's Kitchen

老阿嬤時代的廚房與生活用品店鋪，換一種視角之後，變成 Maker（創客）、設計師、觀光客與老物迷的挖寶聖地，讓賣雜貨的迪化街百年老店成了「山不轉路轉，路不轉人轉，人不轉心轉」的最佳印證。

改造筆記

十九世紀末以來，迪化街一直是台北市重要的南北貨集散中心。一八六〇年代的大稻埕因為淡水河的開港，藉著交通運輸地利之便，成為北臺灣商品貿易往來的重鎮，也是台北最繁華的地方。

靠近歸綏街的迪化街上，有間「大華行」，店主王家在迪化街立足歷經七代，早年從事貿易維生，後來開了自己的店鋪，百餘年來，歷經幾次更名，商品型態也經過調整，大華行傳到第四代王泰欽的手上時，店裡專營蒸籠、炊飯桶、餅模、杯勺……等以竹子、木頭製作的生活雜貨用品，走進去，還可以聞到一股淡雅的竹木香氣。這裡還有古早時代買菜用的尼龍茄芷袋，各種款式、大小尺寸，一應俱全。

長年從事電腦業的王泰欽，因為父親中風回家接手生意。從小生長在迪化街，是他童年的遊樂場，也是志業的根基。商圈市井的熱絡買賣、城隍廟的鼎盛香火，還有迪化街石子路上大拜拜流水席的記憶，交織在這位大稻埕子弟的人生軌跡裡。他接手後，開始試著改變，例如設計一些新樣式的茄芷袋，也調整空間動線，讓產品陳列得整齊有序，但總覺得仍有不足。

改造前，古早味產品只有少數人問津

二〇一六年，大華行入選了「台北市大同特色商圈傳統店家品質提升」計畫（後改名並簡稱「台北造起來」），從品牌定位為起點，進行一連串的改造工程。

甦活團隊觀察店家，與店主交流後發現，店裡充斥著阿祖阿嬤時代的廚房用品，時至今日，除了逢年過節時，家中老一輩還會使用外，就剩下傳統小吃店、中餐館營業採購還會捧場。不過，除了婆婆媽媽級老客人與傳統中餐館來採購，還會看到在店門口熱烈挑選各式茄芷袋的，不是老阿嬤，而是年輕女孩，以及一些日本遊客，知名日本作家青木由香也是茄芷袋的愛用者，不僅把茄芷袋寫進書中，還常帶著日本友人前來選購。她的社群貼文可以見到她，不論上學、逛街與野餐，一身復古裝扮，挽著茄芷袋，很潮！不只如此，拜拜用的謝籃、粉蒸排骨的迷你蒸籠，到了插花老師手裡，變成了別致的花器道具，還有企業會用大華行的蒸籠當成禮品包裝禮盒。

祖母的廚灶長出 Maker 視角

店家轉型不只展現歷史況味，也要注入現代文創魅力。大華行面對的是被現代化製品取代，老客源逐漸流失的窘境。祖母時代的茄芷袋及蒸籠等廚房用品，實用性已大不如前，總不能盡寄望老物迷與收藏家垂青。但老物卻可以創造出新用途，在我了解大華行的客戶、及許多實際使用回饋後，建議其以「阿嬤廚房任意變」的新定位重新出發，吸引更多年輕人加入老物新用的挖寶行列。

有鑒於原本商號名稱無法註冊商標，不利行銷推廣，將品牌命名為「竹木造咖 Grandma's Kitchen」。竹木兩字除了點出產品特色，也諧音祖母，同時趣味翻轉閩南語「灶咖」（讀音「造咖」，台語廚房之意），結合時下 Maker（創客）風潮，透過現代眼光重新詮釋傳統生活道具，邀請顧客一同發揮創造力。

在完成品牌定位與故事的同時，也為竹木造咖打造老式廚灶的情境空間。有別於其他老字號大小商家，大華行的空間特別寬敞，貨品井然有序排在架上。之前店裡曾改裝了兩三次，希望能成為一個友善購物的無障礙空間。只是，過於整齊的陳列方式，似乎少了些挖寶的趣味。

我們在進門入口處擺上一座老式爐灶，同時撤掉店面中間的貨架，改以陳列展示中島長桌，並重整商品陳列的位置及展布方式，展現亂中有序、錯落有致的挖寶氛圍。特別的是，為了滿足店家精省需求，團隊設計師也發揮了「造咖精神」，信手拈來店裡的商品，直接當作現成的店裝布置物。以竹片編織成的六角形竹網，原是古早時代長時間燉煮食物時，用來防黏鍋的鍋底襯墊，如今則升格為天花板裝飾，取代原先的客家花布，重塑質樸溫暖且更具質感的空間氛圍，擺脫傳統雜貨鋪印象，提供兼具舒適與挖寶樂趣的品牌空間，且由店主自己動工，材料錢、施工費一併都免了。

改造後，不僅更多設計師、造物迷與素人玩家到此尋寶，觀光客更是大批聞風而來，工程師出身的王老闆自己也轉型成 Maker，陸續研發了竹吸管、時尚茄芷袋等環保概念的產品，並打上「竹木造咖」品牌 Logo，產品陸續進到其他通路，還接到日本賣場的大筆訂單，也因此帶動了創意茄芷袋的風潮。

改造感言

第四代王泰欽

我們店鋪所在的老屋已超過 150 年，老店也經歷很多起落。到我手上做了許多改革創新，但還是不夠。很慶幸參加改造，建立了新的品牌形象，不僅加強了客人的信心，也大幅提升人流量與營業額，還接觸到更多觀光客，順勢把產品銷到國外，並且有助將實體經營進一步延伸到電商，也讓下一代更有興趣與信心接手。

每當有小旅行或文化導覽的團客到訪，幽默熱情的王老闆便化身小劇場主持人，介紹自家與迪化街的歷史，還讓來客猜猜店內商品原先的用途與機關，例如貼在天花板的竹片、會開天窗的斗笠等等，逗得國內外的旅人睜大眼睛笑開懷。

王老闆的兩個女兒原本沒興趣接班大華行，但「竹木造咖」的新氣象改變了她們的念頭，逐漸以第五代的身分投入家族事業經營，尤其著墨於電商發展。

物件是老的，透過創意翻轉，使用者的眼光與用法卻可以是新的！百年老店文創輕改裝，開啟傳統的另類想像。變身阿嬤百寶廚房的雜貨鋪，歡迎老物迷與創客文青，一起溫故知新！

（品牌梳理、文案與故事撰寫、設計與施工執行——甦活創意）

品牌故事

阿嬤的百變廚房

阿嬤的爐灶和菜櫥仔，是我的尋寶好所在。
茄芷袋不裝蘿蔔青菜，陪我到處逛街耍帥。
蒸籠謝籃肉槌飯桶，全新趣味角色扮演；
當年城隍爺過生日，街上供桌長長一排。
如今柴米油鹽還在，添上琴棋書畫色彩。
料理一桌豐盛澎湃，妝點日常復古情懷。
人人 Maker 秀手藝，隨心所欲發揮創意。
迪化街在地第七代，大華行變身竹木造咖，有材！

阿嬤廚房任意變——竹木造咖

五十年前的台北迪化街，還只是石子路。每年最重要的大事，是農曆五月十三日城隍爺誕辰大拜拜。擺在路中央的供桌，一桌接著一桌綿延了整條街。親朋好友，生意往來的廠商客戶，從全台各地趕來同慶。家家戶戶辦起了流水席，一桌子的雞鴨魚肉、紹興酒、啤酒、黑松沙士成箱堆疊，可比大過年還要隆重盛大。

這是迪化街出生的第七代王泰欽最深刻的童年回憶。席間大人、小孩痛快吃喝，廚房裡，阿嬤與媽媽忙進忙出，鍋灶炊煙蒸騰……。後來街上鋪了柏油，三輪車變成汽車，「可惜這個熱鬧盛況，已經十多年不復見了。」王泰欽嘆道。

古早味生活道具

從曾祖父開始，王家在迪化街上開了一間南北雜貨行，專賣五穀雜糧等民生食品。百年來歷經幾次更名，商品型態也經過調整，大華行傳到王泰欽的手上，店裡專營蒸籠、炊飯桶、掃帚等以竹子、木頭製作的生活雜貨用品。長年從事電腦業的王泰欽，因為父親中風，辭掉上班族工作，回家接手大華行，眼前的蒸籠與炊飯桶，不時喚起他對大拜拜流水席的回憶。

蒸籠、餅模、炊飯桶、豆腐模具等，辦桌時一桌子的好料就靠這些道具；角落裡成綑的粽葉草繩，飄著一股清香；古早時代，人手一把的蒲扇、竹扇，為夏日晚間搧起陣陣涼意。還有買菜用的尼龍茄芷袋，色彩款式尺寸應有盡有，挽在手裡，上街採買去。走進大華行，像回到鄉下阿嬤家，落入懷舊的時光隧道。

大華行看似傳統的雜貨店，上門的客人卻很另類。擠在店門口熱切挑選茄芷袋的，不是上年紀的婆媽，而是年輕女孩以及許多日本遊客。知名作家青木由香也是愛用者，還常帶著日本友人前來選購。挽著茄芷袋上學逛街野餐，一身復古裝扮，很潮！拜拜用的謝籃、粉蒸排骨的迷你蒸籠，到了插花老師手裡，變成了別緻的花器道具。擺上桌，格外吸睛。時下正流行的懷舊風婚紗照，店門口就是現成景點，拍照道具無需他求，店裡一次購足。圓山

店家小檔案

店家名稱：竹木造咖
店家地址：台北市大同區迪化街一段 161 號
創立時間：清朝咸豐年間，在地超過 160 年
改造年份：2016 年
傳承代數：五代

重要紀事

清代年間　曾祖父王林木（來台四代祖）創業，經營物資進出口買賣，有自己船隊，現址以倉儲為主。
日治至民國　大華行轉型成批發買賣業，最後以竹、木類生活用品為主。
2013 年　第四代王泰欽返家接棒，開始進行產品創新，尤其是茄芷袋。
2016 年　申請參加改造，建立新品牌「竹木造咖」。
2017 年　開始接獲國外大筆訂單，外銷日本。
2020 年　第五代開始參與經營，加大電商投入與自有商品開發腳步。
2023 年　跨境電商到店直播，單日營收超過 10 萬元。

飯店、福利麵包，他們用大華行的蒸籠裝粽子作為端午節禮盒，新莊農會的有機米、新人結婚的喜餅也以茄芷袋作為禮袋包裝。

阿嬤的灶腳有了時尚視角

大華行的店門口高掛著兩個霞海城隍廟的大紅燈籠，原來，豪爽海派的王老闆還有另一個特別的身分—城隍廟的副爐主。從小生長在迪化街，這裡是他童年的遊樂場，也是志業的根基，商圈市井的熱絡買賣、城隍廟的鼎盛香火，交織在這位大稻埕子弟的人生軌跡裡。他與溫婉美麗的老闆娘，總是一臉笑瞇瞇對著每個前來尋寶蒐奇、回味當年的客人，親切講起老道具的故事。

有別於其他老字號商家，大華行的空間特別寬敞，貨品井然有序排在架上。原來店裡改裝了兩三次，希望能成為一個友善購物的無障礙空間。只是，不少熟客紛紛表示，似乎少了些挖寶的趣味。

二〇一六年，在台北市商業處「台北市大同特色商圈傳統店家品質提升」計畫（「台北，大同大不同」）輔導之下，大華行以「阿嬤廚房任意變」的嶄新定位全新出發。新名稱「竹木造咖」趣味翻轉台語廚房，並結合產品特色，呼應 maker（創客）風潮，透過現代眼光翻轉傳統生活道具，同時打造情境空間，擺脫傳統雜貨鋪印象，提供兼具舒適與挖寶樂趣的品牌空間。

多了創意的茄芷袋變成網美商品。

迪化街上，阿嬤的灶腳，歡迎來尋寶！怎麼用都隨意，給重溫舊夢的老物迷懷舊咖，也給天馬行空的創意 Maker 造咖。

大華行改造前店面招牌。

改造前

↓↑

改造後

改造後，招牌保留大華行老元素，
加上「竹木造咖」新 Logo。

改造前產品陳列整齊，但欠缺故事性與
挖寶氛圍。

改造前

↓↑

改造後

改造後，天花板以自家竹片裝飾，
換上有穿透感與故事感的中島陳列。

王老闆經常向團體客人解說老物的用途

可以開天窗的斗笠，吸引客人試戴拍照，
記錄體驗老店的樂趣。

王老闆為團客講解自家歷史與商品。

外國觀光客對於台灣獨有的竹製飯桶充滿
好奇。

老字號涼茶攤變身網紅打卡點

姚德和 Yao de Herb

工地鷹架、泡澡浴桶、老藥櫃……，一家位於台北大稻埕的七十年涼茶店，葫蘆裡賣什麼膏藥？從騎樓下的涼茶攤，變身網美熱拍景點，還客製出高檔企業伴手禮盒。改造的仙女棒一揮，現在它是大稻埕最貼地氣的文創青草茶店……

改造筆記

位於迪化街與民樂街之間，大稻埕永樂市場曾是繁榮一時的布業集散中心，一樓菜市場內外與周遭，還有許多知名台灣小吃。民樂街上，幾家青草茶店一字排開，其中「姚德和青草號」，已經有七十年歷史了。青草茶、苦茶、茅根、蘆薈，一杯杯古早味涼茶，是許多台北人遊逛布市場與迪化街的清涼記憶。

改造前與同業無異

青草茶攤幾乎都長得同一個模樣，推開白鐵皮的冰箱，一罐罐涼茶泡在冰水裡，讓客人外帶杯裝邊逛邊喝。姚德和青草號也是這樣一間草根味十足的涼茶攤，只是比別家多了一台攤車。其實，它有兩爿店面就在攤車後方，只可惜只當做倉庫使用，雜亂堆放著各式青草藥材，除了供給自家涼茶攤，大包大包的青草藥材也批發給其他地區的同行與餐飲業。

冬天是青草茶的淡季，姚德和也想突破冬季銷售瓶頸。第三代老闆姚勝雄接棒後有了新嘗試，除了夏天熟悉的涼飲外，研發沖泡茶包與青草浴包，方便現代人可以買回去自行沖泡飲用以及泡澡，四季皆可享受青草的療癒之道。只是這些袋裝商品沒有經過包裝，也無陳列展示的舞台，想要拓展新商機，還差了些火候。

眼見大稻埕愈來愈蓬勃的文創潮流，七十年的老字號，能不能有新的模樣？讓年輕一代與國外觀光客，也能認識青草藥的美好！

因此二〇一七年，姚勝雄與母親（第二代老闆娘）聯手投入老店的改造大業。當時已為人曾祖母的二代老闆娘依然活力旺盛，是掌店的靈魂人物，對各項細節無不親自斟酌。

姚德和歷史悠久，又在文創風鼎盛的大稻埕，時間和地點正是品牌轉型的最大優勢。當年輕族群、文青與國際觀光客持續湧入，如何投其所好、又不失老味道，還能助力冬季市場新商品？於是揭櫫「大稻埕青草茶七十年老字號」的定位，重整新面貌。

考量國際觀光客，姚德和新增了英文名稱「Yao de Herb」，以「姚德和」英文拼音出發，轉化最後一個字為 Herb（藥草），同時兼顧聽覺與產品特性。品牌 Slogan「要得喝，清涼滋養四季合！」正是訴求青草茶四季皆宜的市場定位，「要得喝」讀音近似姚德和，聽來有著市井的庶民味，簡潔有力召喚大家常喝青草茶。接續進行品牌設計，姚德和的品牌ＣＩ，字體以古代名家書帖為底，重新設計，復刻老藥鋪招牌風格，主色系以綠松色搭配靛藍色，傳遞草本植物的清新療癒氣息。

改造後倉庫變內用與商品展區

在空間方面，建議將後方原有的兩間倉庫店面重新打造，闢內用區。一來展現品牌的歷史感與形象，二來也讓三代老闆開發的新商品得以陳列銷售。當時店主只想改造騎樓靠路邊的涼茶攤車，因為「來買青草茶的人，很多都是騎摩托車，直接買了就走。」囿於過去經驗，他們還無法想像日後大量湧入的觀光客。經過溝通，店主母子終於點頭，讓我們大刀闊斧改頭換面。

在勘察倉庫時，我發現靠角落有個兼具美感與滄桑感的老藥櫃，便叮囑設計師把它做成空間亮點。我們打掉兩個店面中間的隔牆，讓動線視野變得寬敞，連同地板四周包覆木作，仿舊處理，不上透明漆保留溫潤的木質調。增加櫃台、高腳椅、矮桌、展架等復古木作家具，加上原來的老藥櫃，從裡到外徹底整型。店內空間以ＣＩ色布局，藍綠色調合木作的厚實感，襯著乾燥青草，傳遞老店的溫潤情調。

原本倉儲的功能還是得保留。設計師見店主總是用梯子在傳統角鋼櫃，爬上爬下拿取藥草，靈機一動，改以建築工地用的鷹架搭起了貨架，經過裝飾後結合鷹架梯，不但方便攀爬，更讓空間更多了層次感。一包包乾燥的青草，用麻袋裝起來整齊排列，統整凌亂的視覺，粗獷中帶著細膩，穀倉風情溫暖上身。

「要得喝，清涼滋養四季合！」既然訴求青草養身四季皆宜，我們特別布置一展示區。重新包裝的青草浴包層次排列，一只檜木浴桶懸吊而下，成為視覺亮點，布簾錯落其間，介紹商品也裝飾空間。裝涼茶的白鐵冰箱依舊在，外層包覆上燈箱，既是雙語 menu 板，也巧妙化解了老冰箱與新空間的違和調性。

全新店面才落成，姚德和隨即晉身大稻埕的熱門拍照景點，吧台高腳椅、老藥櫃與鷹架梯，與各國網紅一塊兒美美入鏡，採買青草茶包的客人也愈來愈多。電視劇也前來取景，還有知名精品摩托車廠，選定店家門市作為經典款車型發表拍攝場所。

七十年歲月孕育的青草茶如何展現深度傳遞知識？因應愈來愈多的團體參訪交流活動，我們建議姚勝雄將主要原料藥草裝進玻璃瓶，加上中英日三語名牌，讓參訪民眾及國際觀光客認識我們老祖宗的飲料，更成為別緻的裝飾！

二〇一八年開春，傳來捷報，先是青草藥浴包成為企業禮盒的訂單，給了一劑強心針，接著商品開始走出大稻埕，進軍台北信義區世貿年貨大展，租下兩個展覽攤位，將騎樓下的白鐵老冰箱搬進世貿，一杯杯清涼的青草茶，成為看展人潮的最佳良伴，現場販售新推出的藥浴包及除穢包，跳脫傳統的年節伴手禮，討喜吉利讓觀展民眾耳目一新。

疫情初期，門市人流減少以致影響業績，但後來因中草藥防疫保健議題熱絡，帶動藥草包銷售大幅成長，熱度一直延伸到疫情結束後。國外觀光客回流後，有預防及保健效果的青草產品，成了另類台灣味伴手禮。

改造後，每回見到二代老闆娘，總是看到她臉上帶著笑容，驕傲而開心地向四方來客介紹自家美美的空間，偶爾還會夾雜幾句英語或日語。

姚德和騎樓下的兩支復古吊扇，吹起微微的涼風，七十年青草茶老鋪風雅轉身，打點面子更顧裡子。走進店裡逛逛拍拍，不用門票、不掉書袋，喝杯青草茶，跟著其實年老字號品味文化的現在進行式……

（品牌梳理、文案與故事撰寫、設計與施工執行——甦活創意）

改造感言

第三代姚勝雄

改造後倉庫變成漂亮店面，而且乾淨舒適擺設也整齊好整理，讓人有想進來觀賞購買的慾望。年輕族群觀光客都會慕名而來，這都是改造前沒有的。茶包、沐浴包類的產品業績也大幅增加，感謝改造團隊，謝謝你們！

品牌故事

要得喝，清涼滋養四季合！

永樂市場對面，民樂街亭仔腳
一九四六年開始起灶熬煮一帖涼方
姚家三代接力採草奉茶
青草茶、苦茶、蘆薈茶、茅根茶
市井風情草根滋味，路過都得喝一夏
青草茶包、沐浴藥草，帶回家熱飲與泡澡
四季皆宜餽贈親友，消暑又解憂
大稻埕七十年青草茶老字號
要冰有冰、要燒有燒，有多好？要喝才知道
天然的芬芳，作伙來呷涼！

大稻埕青草茶七十年老字號——姚德和 Yao de Herb

面對著永樂市場的民樂街上，幾家青草茶店一字排開，其中擁有兩個店面、四代同堂的姚德和，已經有七十年歷史了。青草茶、苦茶、茅根、蘆薈，一杯杯古早味涼茶，是許多台北人遊逛布市與迪化街的清涼記憶，連同老街上的市井風情一同喝下，快意舒暢！

大稻埕裡的青草香

日據時代，一位年輕礦工，為了養家餬口，在金光石、九份山城的礦區裡，賣命工作。台灣光復後，礦區逐漸沒落，他開始尋求別的謀生之道。因為他從小生長在山城瑞芳，對山裡的一草一木瞭若指掌，於是改以採集野生藥草維生。騎著老鐵馬，循著從小到大走慣的山路，四處採收藥草。台北近郊的山林裡，四處留下他的足跡……

一九四七年，一個偶然的機會他得知大稻埕的永樂市場裡，有賣店鋪要出讓，於是用

創辦人姚德河

多年辛苦賺得的積蓄買下這間店，並以自己的名字「姚德河」，將店面命名為「德河青草店」，正式地址為「永樂市場第七賣店」。

即使開了店，姚德河仍然每天親自採集藥草，直到病倒後送醫檢查，才發現早已罹患肺矽病。肺矽病，形同礦工的宿命，早年在空氣不流通的礦坑內，日積月累吸入的粉塵早以沉積在肺裡。掛念養家的重擔，姚德河不願住院治療，幸好兒子姚宗義從小跟著他採藥，已對各種藥草生長區域瞭如指掌，於是由他接手幫忙。

國小畢業就跟著爸爸到處採藥的姚宗義，和父親一樣，店裡的藥草幾乎都是他親自從山上採收回來手工切片。姚宗義和妻子接班後，將店址搬遷至民樂街，更名為「姚德和青草號」，紀念父親創業的辛苦。當時，常有台北醫學院的教授帶著學生來店裡認識青草，編撰《台灣藥用植物誌》。已故的植物專家甘偉松教授，也是他的好友，兩人常相約一起爬山，觀察藥草，也有客人帶著摘來的草藥請他試味。

店家小檔案

店家名稱：姚德和
店家地址：台北市大同區民樂街 55 號
創立時間：1946 年
改造年份：2017 年
傳承代數：四代

重要紀事

1946 年　第一代永樂市場內創業，後搬至民樂街。
2017 年　第二代與第三代聯手申請參加改造。
2018 年　成為迪化街網紅打卡景點。
2022 年　防疫茶飲產品大賣，業績逆向成長。

四季合拍的養生秘方

涼茶攤的青草茶，是過去幾十年來台灣人熟悉的夏日風景，但青草茶只是專屬於夏天的飲料嗎？姚德和傳到了第三代，有了更多元的創意，姚勝雄接手家業之後，為了讓青草茶更普及，持續研發青草茶等各種草藥配方茶包，即使冬天，也能熱熱的喝。

草藥只能用喝的嗎？姚勝雄再推出了藥浴包，不管是泡澡、泡腳，隨時享受清新的青草藥浴，正迎合時下流行的溫熱養身，提供現代人享受青草的療癒之道。

青草茶的味道，各家各有配方，姚德和招牌飲料青草茶，採用咸豐草、甜珠仔草、薄荷、香茹草，再加上獨家秘方製成。接班後，熬煮藥草的工作來到姚勝雄與太太的身上，媽媽和妹妹就負責現場銷售。

每天下午四點至五點開始，是廚房開始忙碌的時候，瓦斯爐上四個大鍋同時煮著青草，待水滾之後轉中火，悉心撈掉表層浮沫，加入紅砂糖後，再煮五分鐘，直到關火，最後加上薄荷，蓋上鍋蓋悶個十分鐘。薄荷容易揮發，要最後才能加，青草茶芳香清涼的口感正來自於它。煮好後的青草茶靜置著，不能動它，放十二小時自然冷卻，隔天上午八點開始裝瓶。大熱天，小小的廚房裡，熱騰騰的大鍋燒著，顧客的清涼全來自於日日的揮汗辛苦啊！還好，姚勝雄與妹妹的兒女也已長大，有空就來店裡幫忙，形成四代同堂工作的難得場景。

七十年的老味道，要得喝！

眼見大稻埕愈來愈蓬勃的文創潮流，七十年的老字號，能不能有新的模樣？讓年輕一代與國外觀光客，也能認識青草藥的美好！二〇一七年，因為「台北，大同大不同」計畫，姚勝雄與母親聯手投入老店的改造大業。全新的CI與產品包裝，為老字號注入了人文的質地，更有了體面的伴手禮。而原本用來堆放草藥的店面重新整裝，木質基調襯著乾燥青草，傳達老店的溫潤質感。以前只能在青草茶攤前買了帶走，另在攤車後方增設了吧台座位區，安坐其間，看著大稻埕上人來人往，四周環繞著青草的芬芳，安度片刻的悠閒時光。

姚德和青草號屹立數十載。

五臟六腑的旺盛火氣、忙碌步調的躁鬱煩心，來大稻埕民樂街的亭仔腳，姚德和為你奉上一帖涼方、一杯暖意，願你的生活一團和氣！

改造前的姚德和與附近同行一樣只在騎樓下擺涼茶攤做外帶生意。

改造前的青草藥包裝。

改造前

↓↑

改造後

兩間倉庫打通改造後，成了內用區及產品展示間。

改造前

↓↑

改造後

改造後各種四季可用的茶包與沐浴包。

被遺忘在倉庫裡的陳年老藥櫃，成為店面新亮點。

吧台陳列玻璃罐的各式草藥，成為解說最佳舞台。

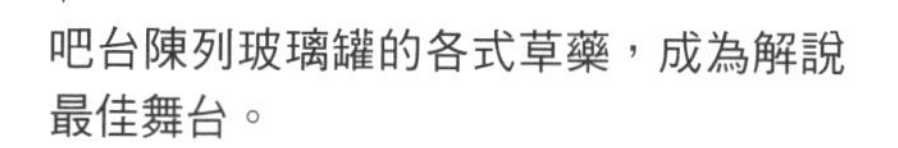

吧台陳列玻璃罐的各式草藥，成為解說最佳舞台。

改造後鷹架變貨架，浴桶成吊飾。

在大稻埕遇見澎湖灣

澎玉 191 JadeBoat 191

產品結構與門面動線看起來就跟其他傳統南北貨沒有兩樣，位於迪化街一段一百九十一號的成達行，從谷底翻身，透過產品重整與場景打造，把澎湖小島的家鄉漁船搬進店裡，以「澎玉191」之名，開啟了一段觀光客與藝人爭相登船的奇航……

改造筆記

時間是二〇一八年，台北迪化街的成達行，自擁店面，丁香魚、香菇為店裡生意大宗，原本以批發業務為主，客戶多為市場攤商。十年前，兒子回家幫忙，純樸耿直的一家人，見證著迪化街南北貨批發生意的興衰。不做行銷、也沒有亮眼的店面，默默經營了三十多年，靠的是老主顧的支持。然隨著消費趨勢轉移，客戶自身的生意節節下降，甚至有些乾脆收攤了。成達行面臨了攸關生存的壓力，決定跟隨街上同行的步伐，加入轉型改造的行列。

澎湖的身世，接上了大稻埕的故事

第一回踏進店裡，只見一落落塑膠袋裝的香菇與蝦米，天花板吊著乾魷魚和柴魚片，更多貨物直接往兩旁堆放，中間空出一條給貨物出入用的「康莊」。就像街上任何一家南北貨行，店裡各種山珍海產，與其他南北貨行區隔不大，看不見任何特色與亮點。店主透露曾經有已經約好來買貨的客戶有時還會認錯，結果進了別家店。

進一步詳談發現，原來陳老闆出身澎湖縣虎井嶼的小漁村，父親是討海人，擁有自家漁船。長大後，陳老闆與小學同學結為連理，來到台灣本島打拚，一家人落腳迪化街，買下店面，做起了南北貨生意。澎湖是很多人心中的海產天堂，還有花生也是一絕。不過，店裡卻沒有任何澎湖產品。

經詢問後，確定陳家在家鄉還有很多親戚，有管道可以拿到一些特殊貨源。為何不就從老闆夫妻的背景出發，連結兩人從小吃慣新鮮漁獲的獨到品味，打造一間以澎湖為主題的特色選物店呢？

訪視現場時，我問了陳老闆：「你父親的漁船叫什麼名字呢？」他答：「有好幾艘，第一艘叫『澎玉１５６』」。回溯夫妻兩人當年從澎湖灣到大稻埕的歷程，因此品牌命名就以阿公的第一艘漁船「澎玉１５６」為靈感，結合店址的門牌號碼一百九十一號，命名為「澎玉１９１」，同時另起英文名稱「Jade Boat 191」象徵一艘滿載山海珍味的船，停泊在迪化街一段一百九十一號。

萃取文化，在大稻埕遇見澎湖灣

呼應創辦的緣起，品牌定位「船承自澎湖灣的山海味」，以「船」字呼應澎湖灣，象徵創辦人的身世，同時一語雙關表達產地直送之商品特色。Slogan「澎湃鄉味，滿載而歸」，展現大海意象，更諧音閩南語豐盛之意，滿載而歸的不僅是阿公的船，也象徵商品讓客人滿載而歸。

這個以船為名的新品牌，宛如一艘停泊迪化街的漁船，滿載著澎湖的山海味。既然如此，何不將整個店打造成一艘漁船的意象？設計團隊接下這個挑戰，果真裝置一座船頭造型展示台，放上指南針，還豎起品牌故事船帆，象徵新一代啟程揚帆。這艘船，宛如澎玉191的化身，將品牌的故事與精神，直接予以視覺符號的象徵。陳列商品的中島則化為船身，上頭還懸掛著一排船上用的漁燈。

陳老闆還專程回老家一趟，找來一只百年前的木船舵。充滿歲月痕跡的老船舵，掛上牆未免落了俗套，靈機一動，不如就放上船頭吧！不只渲染海港意象，更能成為與來客互動的打卡拍照景點。架上支軸安裝上去，誰來了都忍不住伸手把玩！

店裡店外，以象徵棧板的木料組成展示櫃，左側牆上輸出老家虎井嶼的海岸風景，騎樓天花板懸掛著漁船纜繩，襯著店內一盞盞漁船燈，渲染著海島漁村的寧靜風情。

各式山珍海味，讓你滿載而歸

既然標榜著船承自澎湖的山海味，從批發拓展零售市場，當然不只是分裝成小包裝。在顧問團隊的建議下，一家子全體動員，重新調整商品結構，老闆父子兩人輪流飛回老家，努力尋找新商品，陸續進貨透抽、小卷、米粉、菊花餅、紫菜、花生，以及號稱澎湖青草茶的「湘茹茶」等澎湖特產。他們將漁村成長記憶的各式山、海產食品，重現迪化街，吸引年輕人與觀光客不斷進門尋寶。第二代小老闆更委託澎湖業者開發一款以沙丁魚等在地名產製作的XO醬，甫推出，就在二〇一九年春節檔期創下六百罐的銷售佳績，後續還有團購訂單。

隨著商品開發能力不斷精進，範圍也擴充到澎湖以外的特殊商品，爆款商品輩出。有回一家日系奢華溫泉旅館的採購主管無意間逛進店裡，被一款雪花餅所吸引，後來便向其採購，成為受

改造感言

第二代陳名邦

在成達行時代，我們就是一家大眾臉的南北貨批發商，因原有客戶訂單量不斷下滑，全家人都想做些改變。還記得第一次改造溝通會議時，爸媽聊到出身澎湖，庭庭老師突然問我們，阿公的漁船叫什麼名字。當下一愣後，大夥兒一致同意，將「澎玉156」的船名結合現址門牌號碼，店名改為「澎玉191」。感謝這個奇妙的轉向，讓品牌從此駛入光明前景，也加速我掌舵的進程。

歡迎的迎賓禮，也因而引來一批曾住宿該旅館的消費者，轉為「澎玉191」的粉絲。還有因一位大牌藝人的主動推薦，店內芭樂乾銷量爆增。目前，除了實體與線上顧客，以藝人為主的團購主，成了帶動業績的主要管道。

店裡的商品不盡然都來自澎湖，先聚焦、再放大，品牌的形貌連結店主的身世與門牌號碼，一間店，化身為一艘落腳迪化街的漁船，慕名而來的顧客，再也不會走錯門。

（品牌梳理、文案與故事撰寫——甦活創意，設計與施工執行——樺致設計）

品牌故事

船承自澎湖灣的山海味

北回歸線走過小漁村，日頭赤炎，海水正藍
六十多年前，阿公的澎玉一五六漁船滿載首航
澎湖的孩子來到台北大稻埕起家立業
吃慣了新鮮魚獲的嘴，難忘家鄉山海滋味
小卷招來海潮香氣，沙丁現吃煮湯兩相宜
堅果雜糧粒粒飽滿，爽脆無比
從漁村落戶舊時曬穀場，新一代重新揚帆
迪化街一段一九一號，在大稻埕遇見澎湖灣
挑選各地澎湃山珍海味，讓識貨人乘興而歸
嚐一口產地直達的鮮甜，遙想海上艷陽天

在大稻埕遇見澎湖灣——澎玉191

隆隆的船聲劃破了寧靜的漁村，船聲最大的，一定就是阿公的船，船上滿載的沙丁或小卷，是溫飽一家的保障。等到漁船下完漁獲、清理乾淨，就是孩子們跳港玩水的時刻……

澎湖虎井嶼，一個北回歸線經過的小漁村，也是名邦和妹妹名渟出生的故鄉。聽爸爸說，六十年前純樸的小島沒有糖果玩具，海膽卻是唾手可得，潛入水裡抓幾個上來，帶回家給阿嬤炒蛋；山上的仙人掌果實拔掉刺，就是島上孩子的零食。名邦的爸爸叫陳順豐，媽媽陳若菁是爸爸的同班同學，還是爸爸眼裡的班花。兩人結婚後帶著還在襁褓的名邦與妹妹，靠著娘家資助的十五萬元，隻身來到全然陌生的台北迪化街打拚創業。

澎湖的討海人來到大稻埕

爸爸媽媽做起了南北雜貨生意，他們為自己的店面命名「成達行」，名字怎麼來的呢？擲筊問神明。一九八九年的迪化街，早已林立著札根數十年、百年的老字號。而他們夫妻倆除了海產，其他什麼都不懂，連腰果跟杏仁果都分不清楚，創業的前幾個月就遭受了莫大的挫折，在南北貨市場競爭激烈的迪化街，沒有資金、沒有人脈的爸媽，開發不到客源，更等不到生意上門。最挫折的時候心想：「再兩個月就過年了，如果再做不起來，乾脆回家鄉討海算了……」

澎湖來的年輕夫妻，兩手空空，只知道憑著一股傻勁拚命做。每天超過十二個小時的工作時間，全年無休。總算在迪化街上站穩腳步，經營至今已過了三十個年頭。

從小成長在充滿海味的小漁村，吃慣新鮮漁獲，更練就一副挑剔眼力，爸爸媽媽對各式海產乾貨自有其把關與堅持。沙丁魚、魷魚絲、小卷，是店裡的招牌商品，現吃、燒烤、煮湯，海潮香氣撲鼻，還有粒粒飽滿的堅果雜糧，爽脆無比。爸媽將幼時漁村記憶息息相關的各式山、海產食品，重現迪化街。

這些年，爸媽將店裡的事業漸漸交棒給名邦，跟出身討海人家的爸爸不一樣，名邦可是道地的迪化街囝仔。店裡的干貝箱是他的椅子和床，分裝乾

店家小檔案

店家名稱：澎玉 191
店家地址：台北市大同區迪化街一段 191 號
創立時間：1989 年
改造年份：2018 年
傳承代數：兩代

重要紀事

1989 年	第一代迪化街創立成達行。
2011 年	第二代開始參與經營。
2018 年	第一代與第二代聯手申請參加改造，改名「澎玉 191」。
2019 年	轉型後店裡出現大量觀光客。
2020 年	與星野集團合作帶來穩定大訂單，並間接帶來新客群。
2021 年	開始經營電商，常客逐漸轉為線上購買。
2022 年	開始有藝人來接洽團購，加上電商，整體業績未受疫情影響。

貨的勺子磅秤是他的玩具，放學回家肚子餓了，媽媽忙著打理店務無暇招呼他，店裡架上放的罐頭、魷魚絲，一抓就能填飽肚子，這可是南北貨行的孩子才有的福利。當然，還有入夜後人潮散去的迪化街，是他和妹妹盡情奔跑玩躲貓貓的遊樂場。對名邦來說，這家店就是他的家，畢業後也毫無懸念的成為他的事業。

在大稻埕遇見澎湖灣

從畢業後回家幫忙已經九年了，這些年，名邦看著店裡的老客戶漸漸年邁退休，年近六十的爸媽，也是時候放下重擔享福了。身為家裡唯一的男孩，從一開始懵懵懂懂跟著做，至今意識到在大稻埕這波文創轉型期中，順應趨勢改變的迫切性。二〇一八年，名邦與爸媽、妹妹、妹婿一起，投入「台北造起來」計畫。回溯父母親當年從澎湖灣到大稻埕的歷程，以阿公的第一艘漁船「澎玉156」為名，結合店址的門牌號碼一九一號，打造品牌「澎玉191」。

澎玉191，一艘象徵傳承與豐收的船，也滿載著三十年來一家人與顧客間的點滴回憶。一位傳統市場批發客，從當年創業不久便一直是支撐店裡的重要支柱，店面經歷二次搬遷，還是始終如一、不離不棄，每年的端午節，都會收到一串他親手做的粽子。就在今年，早已年過八十的他因為雙腳行動不便，不得不把店面收起來。即使不再有生意來往，粽子仍是溫暖報到。

從成達行到澎玉191，一個新的時代正要啟航，唯一不變的，是傳承自澎湖灣的山海味，要讓台北新故鄉的親朋好友滿載而歸。迪化街一段一百九十一號，在大稻埕遇見澎湖灣……

改造前的成達行。

改造前

↓↑

改造後

改造後的澎玉 191。

改造前就是一般南北貨。

改造前

↓↑

改造後

改造後像是把一艘漁船搬進店裡。

改造後增加的中島有如船身，上頭掛著漁燈。

第二代老闆接待參訪團客。

船頭裝置成了互動式打卡點。

漁村風情彷彿讓人在大稻埕遇見澎湖灣。

招牌產品 XO 干貝醬。

老字號食品材料行打造香料烏托邦

有多聞 UtoPia Spices

從人人聞之色變的食品化工產業，優雅抽身轉型成香料文化推廣者。歷經時代淘變，益良食品老老闆一生懸命打下的厚實根基，在女婿努力進行數位轉型、產品轉型與品牌轉型之下，在大稻埕開展出優雅芬芳的有多聞……

改造筆記

益良食品（早期叫「益良化工」），是迪化街最早做化工原料、食品香料、食品化學的老店，以B2B(Business-to-Busines，企業對企業）批發為主，客戶主要為餐廳、小吃業者以及中小型食品加工業者，也有國外固定客戶。原先位於迪化街上，於一九九〇年遷移至附近的西寧北路。受日本教育成長的老老闆有日本職人的精神，服務客人親切，經營事業從未退休，一路培養了許多忠誠老顧客。直至二〇一五年，高齡九十歲的他才因病離世。之後由女兒及女婿接手經營，一個掌管財務，一個主理營運。

溫文儒雅的女婿李魁裕學資訊出身，接手後建立資料庫管理系統，龐雜的商品、顧客等資料一一歸整，並且將產品照片、產品規格書、產品許可證等皆數位化，並積極透過網路經營，設立官網與 Line 帳號，從下單、出貨到庫存統整成系統化作業，績效顯著，五年來營業額逐年遞增不少。

以天然香料另闢事業蹊徑

近年因食安問題，食品化工行業屢受詬病，理想性格強烈的李魁裕一直想掙脫這個負面標籤，一方面積極配合政府的輔導管理，且逐漸縮小化工規模；一方面積極擴大天然香料的產品線，經常到世界各國考察、開發貨源，在二〇二〇年進入改造前，香料品項已多達一百六十種，並另創一個產品系列名稱「Spices」。他的心願是打造一個類似香料博物館的空間並兼做辦公室，已在洽租同條街上另一個空店面。

看似已把一切打理得井井有條，屬於理工腦的李魁裕自知仍有欠缺。原有店面兼辦公室的空間，雖然堆列分明，但看起來就是個整齊的食品材料倉庫。以「Spices」為名設計的香料產品海報貼在店門口，顯得突兀也少了特色。

我們認為把香料獨立出來成立體驗館與普羅大眾接觸是個不錯的創舉，可以讓有興趣進入店面的 C（消費者）變多，也有助於吸引更多的 B（企業店家）。但建議直接另創一個品牌，以香料體驗館為基地，而益良食品則為背後之供應商。

品牌名稱我建議為「有多聞」，靈感來自《論語》名句「友直、友諒、友多聞」。有多聞有兩個意義，一為點出店家有來自世界各地的各式香料，氣味非常多樣之意。二來代表館內可以吸取廣博的香料知識，符合業主的想望。英文名稱建議為「Utopian Spices」，Utopian 與有多聞諧音，而 Utopian 為烏托邦，意指理想完美的境界，體驗館則稱之為「有多聞——稻埕香料館」。品牌定位語建議為：「東西方香料烏托邦」，Slogan 則為「好味相挺，點食成津」，如此與品牌中英文、Logo 形成環環相扣的一組品牌溝通符碼。

門市現場不只有來自世界各國香料，可以嗅聞體驗，還可於此獲得許多增廣見聞的知識，例如各式香料的來源與文化，如何入菜、茶飲、養生等，甚至可以手動ＤＩＹ體驗。香料來自世界各地，有馬來西亞、印尼、土耳其、馬其頓、西班牙、摩洛哥等諸多國家，我建議可以製作一個香料世界地圖掛在牆面，讓顧客來到有多聞，如同進行一場香料的世界探索之旅。後來設計團隊果然用心設計，直接用真香料對應產地，拼成一幅復古風的世界地圖。

東西方香料烏托邦

整體ＣＩ、產品包裝全面換新後，質感大幅提升。香料館從門面開始，就以充滿國際感的氛圍迎賓，騎樓天花板上的大航海時代帆船圖案，呼應室內的香料地圖，喻示著香料貿易的起源。入門右側便是大幅的香料地圖與品牌故事，店主李魁裕經常站在這兒為來客解說香料的分布與品牌的歷史。

花車型的中島上，陳列最新或主打商品，兩旁的櫃架上，各式各樣來自世界各地的香料罐分門別類，還有蔬菜粉與辛香料調味料，綻放天然的繽紛色澤，像是精品陳列展示，也像是個嗅覺圖書館，一瓶罐子就是一本無字書，記載著一方土地的芳香。後方的辦公與倉儲區也巧妙與前場融為一體，還特別設置了一張ＤＩＹ香料體驗桌，供預約的參訪團體，自己調配出專屬的香料配方。

雖然位於車馬稀的偏僻路段，開館之後，識貨的消費者紛紛慕名而來，各種參訪體驗的預約不斷，除了民間團體與學校，還有知名外商公司、國際五星飯店等員工組團前來，廚藝、烘焙達人絡繹不絕，出版社、料理教室的合作邀約也紛至沓來。隨著好口碑流傳，零售的業績固然提升，但因之轉化而來的Ｂ２Ｂ訂單才是讓營收倍數成長的來源。還有一些有網路流量的賣家，向

改造感言

第二代李魁裕

獲選進入店家改造計畫，不但順利建立了自己一直心嚮往之的香料館，最大收穫是我們有了自己的品牌形象。計畫結束後，我們持續經營與維護它，使品牌與事業能相輔相成，兩者都越來越茁壯。

有多聞直接進貨或是請他們客製配方，換成自己的品牌與包裝，在小眾市場銷售。

如今有多聞的香料相關品項已超過兩百多種，多樣化程度在台灣無出其右。二〇二四年品牌更上一層樓，租下店面樓上三樓的空間，打造成香料廚藝教室，積極推廣香料飲食文化，可自用亦可出借，真正實踐了我們為其撰寫的品牌故事最後一句：「有質、有量、有多聞，廚人與饕客的嗅味天堂！」

（品牌梳理、文案與故事撰寫——甦活創意，設計與施工執行——此刻設計）

品牌故事

好味香挺，點食成津

東印度群島的荳蔻樹，芬芳吐露青春年華，
紅咚咚的朝天椒，頂著南美的艷陽又熱又辣，
甜肉桂在咖啡裡盪漾，遙望斯里蘭卡的故鄉……
大稻埕五十年老字號食品行轉身香料的烏托邦，
薈集歐亞美非一六〇種香料，聞所未聞、嚐所未嚐。
種籽果實根莖葉，多樣芳香，豐饒了餐桌與肚腸，
有質、有量、有多聞，廚人與饕客的嗅味天堂！

東西方香料烏托邦——有多聞 UtoPia Spices

葉片、種籽、果實，根、莖與花，乾燥後，變成了香料，是廚房裡點食成津的靈魂，也是生活起居的良伴。大稻埕七十年老字號食品行打造香料的烏托邦，「有多聞稻埕香料館」，邀一起來親炙香料的智慧與美好。

早期原料行，來自世界各國的香料都被藏在塑膠罐裡，看不出特色。

五十年「香」挺的情誼

益良在一九七〇年成立，為迪化街早期從事食品原料、食品香料的老店。後來在二〇〇二年遷至西寧北路至今。創辦人陳永證先生是大稻埕在地人，一九二七年生、受日本教育長大的他，有著日本職人的精神，對工作熱情執著，心繫著長年服務的老顧客捨不得退休，一直工作到五年前，才因病離開人間。對客人體貼服務的他，每當對方提出想要尋找的原料名稱或功能用途，總是發揮研究的精神，一邊查閱專業書籍字典，再不厭其煩致電詢問一家一家貿易商。每當客人買到想要的原料，都是既感動又開心。到現在，仍有不少舊客人懷念著他。

益良食品行現在由第二代女兒及女婿接手經營。在兩人的努力整頓下，益良進行數位化系統管理、拓展網路經營，更積極開拓香料產品線。女婿李魁裕為理工背景出身，卻藏著喜愛歷史與文化的文青魂。他想為家裡的食品原料事業創造文化體驗的空間，並從批發拓展零售市場，推廣自有品牌。

點食成津的香料魔法

二〇二〇年，在「台北造起來」店家再造計畫的協助下，益良成立了有多聞 UtoPia Spices 稻埕香料館，彙集了歐亞美非等一百六十多種東、西方香料。除了完整的西式香料以及印度香料系列，最特別的是達八種之多的荳蔻，還有品項豐富齊全的麻辣鍋香料藥材。宛如一個東西方香料烏托邦，結合體驗活動，邀請遊客走進

店家小檔案

店家名稱：有多聞
店家地址：台北市大同區西寧北路 104 號 1 樓
創立時間：2000 年
改造年份：2020 年
傳承代數：兩代

重要紀事

1991 年　老丈人創立益良食品行。
2002 年　迪化街搬至台北市西寧北路 98 號一樓。
2015 年　二代女婿接班。
2020 年　參加改造，搬到現址，成立有多聞稻埕香料館。
2024 年　現址三樓增設廚藝教室，有多聞手作坊正式啟用。

有多聞香料地圖與品牌故事牆，用真的香料標記出世界各地的產區。

香料的奧妙世界。

稻埕香料館裡有一幅世界香料地圖，讓大家按圖索驥東西方香料的起源，以氣味聯結對世界的想像。九層塔、香菜、紅蔥，是我們這樣記憶台菜；打拋葉與香茅，是屬於南洋的氣味；孜然、薑黃、小荳蔻，印度的形影就在從小吃到大的咖哩飯裡。一八六〇年，淡水河開港，集散著布與茶，大稻埕從此繁華。一百六十年後，稻埕香料館開張，匯聚了東西方香料的氣味烏托邦——有質，有量，有多聞！

有多聞改造前的門面。

改造後的店門面煥然一新。

改造前的店內陳列。

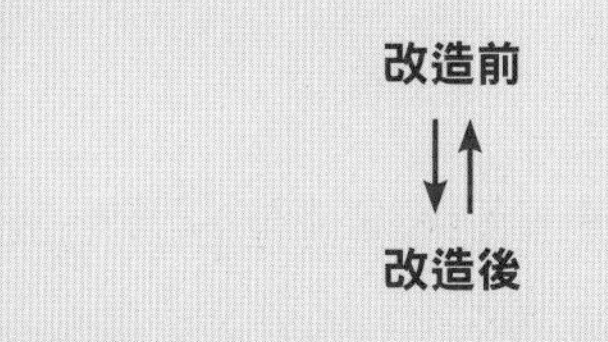

改造後內裝。

騎樓天花板上的大航海時代帆船圖案。

老闆李魁裕進行導覽介紹。

老闆李魁裕進行導覽介紹。

各式香料、調味粉一字排開，讓顧客一目了然。

國外旅客參訪香料體驗活動。

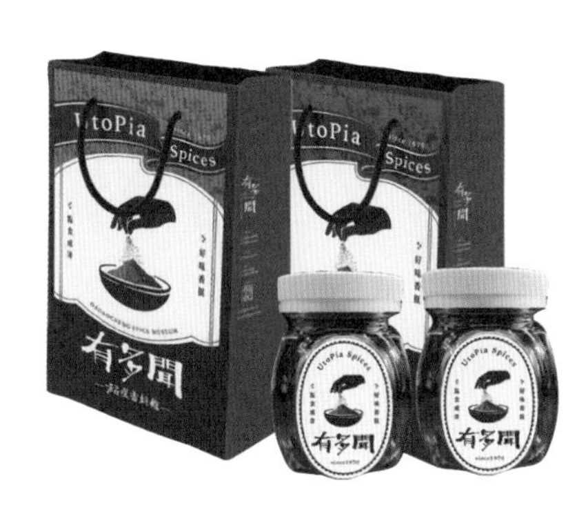

租下樓上增設香料廚藝教室，可以舉辦體驗活動。

改造後的產品包裝。

百年天然金香鋪傍竹重生

源竹隆香 WinLong

因現代環保意識，香煙繚繞的廟宇景觀逐漸從公共視野雲散。位於迪化街的老鋪源隆行，百年來依舊沿循古法製作販售天然質優的線香金紙，卻只有逐漸凋零的識貨老顧客捧場。追源溯根、樹立主幹、長出新枝，改造後的源竹隆香有了又土又洋的新氣場，香火綿延。

改造筆記

台灣各地宮廟文化盛行，也帶動了祭祀相關產業，尤其拜拜所用的金紙線香等產品需求量極大。但隨著廉價進口產品充斥市場，多含有甲苯等化學物質，容易造成空污與對身體健康產生危害，二〇一四年由台北行天宮率先頒布「禁香令」，有些廟宇陸續跟進，從此香客無須手捧一束香，只要雙手合十即可完成對神明的敬拜。

此改革立意甚佳也博得大眾好評，其實，背後卻是良幣驅逐劣幣的故事。台灣有些老香鋪堅持古法製香，採用對人體無害的天然材料，但價格競爭力敵不過劣質香，黯然退場者所在多有，少數仍屹立不搖者，多靠死忠老顧客支持，位於迪化街上的源隆行就是其中佼佼者。

香鋪有近百年歷史，門口上方的老匾額題著「源隆」二字，騎樓外牆橫招上斑駁寫著「台灣名香遵古法製造」。據說緣起先祖早期於雲林研習傳統日曬製香技術，並於當地販售，而後輾轉北上發展，先後到了台北雙連販售香燭，具體時間已不可考，直到於一九五三年成立源隆行，並至嘉義阿里山附近購買紙材，再以小火車運往竹南，委請家庭代工手工製作金紙，且於台中與股東設立製香工廠，堅持以耗時耗工的古法製造至今，保有許多小型宮廟以及有祭祖需求的老主顧。

為老鋪注入靈魂

第四代陳富承出生在台北迪化街繁榮的時代，從小看著家族生意變化起伏，一度在外工作，因不忍母親一人扛起生意重擔，一年到頭不得休息，決定回家幫忙。性情內向溫和的他，面臨重大決策時，仍須交由母親拍板。店內空間曾經自行做過基本裝修，所以看起來不像一家百年老店，自行改裝後，也未能帶來更多入店客，「像少了靈魂的新店面」陳富承這麼形容。他發現同條街上好幾家店經過改造，生意變好了，於是開始關注，主動連續參加兩年的「台北造起來」說明會，終於在二〇二三年加入改造行列。

起初陳富承的母親（第三代老闆娘）不理解計畫性質，認為自家店面已經裝修過了，何必再來一次？個性直爽豪邁的她，在我們第一次訪視交流時，不假辭色地坦率吐槽，對於原名稱無法註冊商標而需更名一事，期期以為不可。關於裝修細節，她有諸多風水考量，而得翻案重來。但隨著改造進程推進，她臉上笑容愈來愈多。

經過深入挖掘後發現，所謂古法製香，大多都採用沉、檀為基底再配合中藥調和，所用的粘粉、竹子、中藥等原料皆為天然素材，然後以繁瑣的「沾、搓、浸、展、掄、沏、晾、染、曬」等多道工序製成。而手工金紙則採用竹紙為基底，再加上傳統金箔製作而成，成分天然，有別於市售金紙多數皆為回收紙漿經加工漂染製成，容易會有油墨、塗料、顏料等雜質殘留，燃燒後恐有疑慮。

聚焦竹材，研發新品

原來香品與金紙都以容易再生的竹子為原材料，於是聚焦竹材古法製作，定位為「傍竹而生天然金香鋪」，讓古法製香與材料天然有了更具畫面感的想像，凸顯傳統香鋪依恃「竹」為核心原料，訴求天然、友善天地之敬意，也為後續品牌設計與文創產品之主軸做了鋪墊。而就因這句話，化解了三代老闆娘的防備心，「這個團隊很用心」，她做了如此評價。新名稱也因之順利出爐，就依循定位語，更名為「源竹隆香」，保留「源隆」二字在其間，Logo 與店面空間也以竹子為設計靈感。英文名「WinLong」諧音「源隆」，寓意好運長長久久，另以「敬天惜善・百年馨傳」八個字，傳達品牌的核心精神。

門市空間，雖是座落於歷史建物內，但除了天花板可看出老屋歷史外，歲月感皆不見，考量精簡預算前提，空間改造採新舊融合，呈現出迪化街老屋的百年香鋪文化特色。而區隔門市空間與辦公區的產品架建議改成品牌形象牆，店家原本猶豫如此會犧牲陳列空間，然最終創造的吸客效果，讓店家終於了然。

傳統香品的新包裝令人一新耳目，但改造大計另一個重點是發展新產品。一來是因為傳統祭祀用品逐漸式微，且老顧客對老闆娘依賴甚深，年輕的陳富承儘管也修習了一身禮俗知識，無奈難以被倚重，有礙接班大計。二來店門口年輕人、觀光客絡繹不絕，傳統產品難以吸引他們入

改造感言

第四代陳富承

在改造期間，原本對於自己新開發的桂花香商品，抱著忐忑的心情，連包裝容器都不敢大量訂，沒想到上市後，迴響超乎預期，更沒想過老香鋪能與那麼多不同語系的外國人，做上生意。由衷感謝改造團隊，給我們一股品牌重生的力量，也看見不一樣的未來。

店，實在可惜，於是文創化商品一一出爐。

「短臥香＋竹香插」組合成節節高升，印有福祿壽字樣的金紙加上竹框後成了畫，名為「福祿壽來」；還有 Kuso 創新的太歲符叫「安太歲不求人」。臥香以桂花香主打，初時遭製香師傅抗拒，因為使用天然桂花原料提高做工難度，經過陳富承一再溝通說服，終於開產。但他心中仍然忐忑，第一批用來當容器的試管只訂了一百支，結果開賣兩天便被一掃而空，不久後，桂花香變成了店內熱賣商品。文創香品區位於店內入門左側，天天都有各國觀光客被店內品牌形象牆吸引入店，陳富承不時忙著用 Google 翻譯與來客溝通解說。這種又古老又新潮的氛圍，連《VOGUE》、《Esquire》等國際時尚雜誌都來採訪。

改造後第二年，來客數成長了四、五成，營業額也提高三到四成，新開發的香品營收占比愈來愈高，除了桂花香，還陸續推出平安香、檜木香與艾草香。這些產品不僅吸引新客群，也讓傳統老顧客多了消費選擇。

陳富承的熱忱與專業也感染了老顧客，儼然成為穩重可靠的新一代掌門人，陳媽媽與團隊成了路過必寒暄奉茶的好友，辛苦數十年的她終於放下重擔，也可以鬆口氣，到處遊山玩水去了。

（品牌梳理、文案與故事撰寫——甦活創意，設計與施工執行——此刻設計）

品牌故事

敬天惜善・百年馨傳

開紙絞紙鑢紙，割箔累箔褙箔……
竹紙裱上金箔，每一張都是真金真心。
沾、搓、浸、展、掄、沏、晾、染、曬，
竹枝化為香芯，一縷馨香安神敬天地……
一個多世紀以來，陳家四代馨傳，古法遵循，
老師傅手工做香製金紙，像竹子般堅韌剛直。
檀、沉木調和中藥，天然香品不參石灰香精，
全竹紙材為基底，不用假箔混正金。
傍竹而生天然金香鋪，源隆行屹立迪化街老屋，
二〇二三以「源竹隆香」重生，邁向下一個百年。
文創香禮節節高升，金紙入畫福祿壽來，
拜好香，燒真金，人神歡喜皆安心。

傍竹而生天然金香鋪——源竹隆香 WinLong

近百年的源隆行，二〇二三年打造品牌「源竹隆香」，在地製造，取材天然，以樸實、敬天之心，燃燒一縷縷友善天地的香火。

近百年前，陳家先祖於雲林創業，研習傳統日曬製香技術，並在當地販售。而後輾轉北上發展，於台北雙連販售香燭，具體時間已不可考。直到一九五三年，至迪化街現址成立源隆行，開始販售金紙。當時是從嘉義阿里山附近購買紙材，以小火車運往竹南委請家庭代工製作金紙，另在台中設立製香工廠。從曾祖父創業以來，陳家經商之道無他，惟以優質香品、實在價格服務客人，相信拜好香、燒真金，自然帶來圓滿平安。

神明應允的好香與真金

源隆行謹守古法，所販售的金紙皆採用竹紙為基底，加上傳統金箔手工製作。而店裡的香品亦以天然原料製作，以沉香、檀香為基底，再配以中藥材調和，連黏粉都是天然無毒。

市售金紙多數皆為回收紙漿經加工漂染製成，紙漿成分容易有油墨、塗料、顏料等雜質殘留，再加上成分不明的假箔。許多市售的進口香為了增加穩定性添加助燃劑，或以化學香精調和味道，香品交易以重量計價時，為了偷重，另添加石灰增加重量。被封存在香裡的各種化學添加物，燃燒後更帶來健康疑慮。

有位家裡開設小型宮廟的客戶，神明指示要她燒真錢，即以正金箔製作的紙錢，最終找到了這裡，帶著源隆行的手工金紙回去擲筊請示，結果神明允筊，她也開心地變成源隆行的主顧客。也有原本配合很久的老宮廟，因內部主委改組決議進口便宜的香品金紙以致品質參差不齊，後來在神明的應允下，回頭與源隆行合作至今。

跟神明說話的孩子

陳家第四代陳富承出生在迪化街繁榮的時代，童年的回憶裡，迪化街總有絡繹不絕的人潮，交易蓬勃熱鬧，還有各地跑單幫的異國商人來此推銷商品。家裡賣香，聽過太多的故事，從小對神明自有一顆敬畏之心。富承常會到特定的廟宇拜拜，每次到神明面前都會望著

店家小檔案

店家名稱：源竹隆香
店家地址：台北市大同區迪化街一段 176 號
創立時間：不可考（近百年前創於雲林）
改造年份：2023 年
傳承代數：四代

重要紀事

日治時期第一代於雲林習藝創業。
1935 年　正式營業登記。
1953 年　第二代北上成立源隆行，並於竹南、台中設廠。
2023 年　申請參加改造轉型，改名「源竹隆香」第四代逐步接班。
2024 年　隨著來客數與營業額大幅攀升，開發更多新的香品。

三十年前的店面就和傳統金紙店一樣。

神像好一會兒，一邊感受神明的形象，一邊也檢視最近的自己，每次一去拜拜都很久，姊姊常說，看他拜拜好像有很多話要說的樣子。

就像去藥房抓藥，香鋪的客人總習慣找老老闆，富承剛接手的時候，最難的是建立起與客人間的信賴。他努力了解商品、學習祭祀禮俗與五術，給予客人最專業的服務。二〇二三年，富承和母親一起投入「台北造起來」計畫，輔導顧問挖掘了其香材與紙材源自於竹的特色，品牌更名為「源竹隆香 WinLong」，以「竹」字點睛，具天然環保且有節節高升意涵，更寓意香火昌隆。店面重新改造兼具懷舊雅致與現代摩登，同時推出「安太歲不求人」新商品，將臥香與符紙組合販售，打破安太歲一定要到廟裡的刻板印象，在家就能安太歲；另設計結合幽默主題文案的太歲符，祈求好運，吉祥討喜！

老香鋪百年馨傳，即使時代在變，源竹隆香以真金與好香敬天惜善的信念永遠不變，就像母親總是跟客人說的，「燒好一點、燒少一點」，每一張都是真金真心，人與神皆歡喜。

改造前，外觀與內裝與傳統金紙店相似。

改造前

改造後

改造後招牌易辨識，店內空間舒適，
還能舉辦活動。

外國旅人對於印章和金紙相當好奇。

外國旅人對於店內新產品極有興趣。

以試管包裝的臥香，是店內熱門商品。

年輕學生族群對於結合幽默文案的太歲符，
極有興趣。

百年油鋪譜寫生活打油詩！

李九英 Lee' scoop

從人名到品牌名，李九英是油行最初的起源，也是事業改革的轉捩點。歷經清朝、日治時代至今，李家五代賣油郎堅守大稻埕台北橋邊，油擔、油攤到油行與雜貨鋪，歷史化為品牌DNA，打油變成環保又時尚的體驗……

改造筆記

現今五、六十歲以上的人，或許還留有到油行打油的記憶，拿著自家的容器上門，油桶蓋一掀開，麻油、茶油的香味撲鼻而來……。後來罐裝、瓶裝油成為主流，超市、大賣場也取代了油行，打油的消費場景逐漸消失在人們的日常生活中。而在大稻埕靠近台北橋邊，卻有一家油鋪至今仍維持這個傳統。

故事回溯到一百多年前清朝時期，一個叫「李九英」的少年開始在台北橋下挑擔當起賣油郎，由於勤奮誠懇重信譽，生意蒸蒸日上。在一八九〇年左右，李九英告別擺攤生涯，落腳迪化街北段買下店面開店，主賣黑、白麻油及苦茶油，以油質純粹著稱，愛美的婦人還會拿來當護髮油。到了一九五〇年，第三代開始想有自己的煉油廠，也在此時增加商品，如米、麵粉、調料、醬料等，正式以「李順利雜貨行」作為商號名稱，主要供貨給餐廳與夜市美食攤商。

第五代扛起賣油擔子

後因台北橋地基工程影響，樓房需要長期整修，店面遂搬到自家住宅一樓，位於老店正後方，面臨狹窄的安西街，這一搬就是三十年，整修好的迪化街老店後來便出租給別人。隨著時代演變，第四代李福進接班後，生意也從鼎盛逐漸下滑，到七十七歲都還在奔忙打理生意，當時家裡四個孩子沒有人願意接手，年事已高的他，將原本的距離較遠的固定客戶，都轉介給附近商家，店裡生意大概就剩下一些老客戶跟附近鄰居，但依然跟妻子許麗梅堅守崗位。

第五代李祈漢原本也無意接班，直到爸爸於二〇二二年突然驟逝，看著媽媽還是一樣天天守著店不捨不放，心裡掛念著「不然老鄰居、老顧客怎麼辦？」他決定與妻子擔起傳承大計，希望重現當年生意盎然的場景。於是，他先將店內的環境與商品做了整理，也推出包裝油品。

二〇二三年九月迪化街老店原址的租約到期，李祈漢決定把店面搬回原址，重新調整規劃，於是加入「台北造起來」計畫，由團隊協助遷址改造大計。改造前訪視時，第四代老闆娘許麗梅如數家珍介紹店裡的產品，對我們訴說著當年台北橋的繁華，自己如何從一個經常坐渡船到對岸看戲的千金大小姐，嫁到油行後，從婆婆李陳巧手中接下傳家油勺，這油一舀就將近半個世紀。

許麗梅說舊日往事的畫面，也轉化成了改造後的視覺元素。

我們穿梭在深長的店內各角，看看能否尋到古早時代的寶貝——像是在老闆娘眼中平凡無奇的老電話機、老秤、老貨箱……，都成了改造時可派上用場的寶貝。居然還有一本內容詳盡的族譜，記載著李家歷代祖先的豐功與習氣，令人嘆為觀止。

將「打油」從具象轉化為抽象

經過探訪與梳理，品牌定位為「迪化街純香麻油老鋪」，聚焦招牌商品以瓶裝油為主，各種少見的台味油醋醬料為輔，除了維繫老顧客，更要拓展各年齡層新客群、觀光客以及其他通路業者。新空間繼續保留打油傳統，只是改為更符合衛生的打油桶，提供顧客既復古又環保的買油體驗。原來的商號名稱「李順利行」無法註冊商標，難以成為品牌名，李祈漢在油品包裝上也已經改用「李九英」。於是，第一代創辦人高祖父的大名就正式取代「李順利行」成為新的中文品牌名稱，英文就用「Lee' scoop」配合店裡的老油勺，Logo 設計也呼之欲出。

Slogan 何妨就用「給生活來首打油詩！」將打油從具象轉為抽象。為此我翻改了清代文人張燦的知名打油詩：「書畫琴棋詩酒花，當年件件不離他，而今七事都更變，柴米油鹽醬醋茶。」為其撰寫了一首如假包換的打油詩：「柴米油鹽醬醋茶，當年件件大桶挖。而今七事包裝變，好油何妨自己打？」。此詩在新的招牌與商品包裝上都出現，添增了人文感與趣味性。

新空間特別設了懷舊區與故事牆搭配，退役的「李順利行」手繪老招牌滿滿老台味，率領著舊的打油桶轉而在此站崗，聯合泛黃的老照片、老物件，與牆上文字相輝映，娓娓訴說老店的前世今生。而李家代代相傳的珍貴族譜，也放大到靠後方的牆上，一代代如何開枝散葉一覽無遺。

除了父輩祖輩們留下的印記，也該有新一代店主的風格標籤。愛騎重機的李祈漢貢獻出收藏的BMW骨董機車，放在店門口。我們特別打造「李九英打油站」，在機車裝上一個牌子上面寫著「請幫我加一加俞麻油！」。詩意懷舊感的老店由酷炫的重機守門迎客，形成有趣反差，吸引無數目光，也與對面知名的迪化街拍照景點「十連棟」相互輝映，為迪化街北段添增一景。

（品牌梳理、文案與故事撰寫——甦活創意，設計與施工執行——綠友設計）

改造感言

第五代李祈漢

參加「台北造起來」讓傳統老店翻轉，改頭換面重新出發，討論度、來客數都提高，讓我們不再只是可以打油的傳統柑仔店。

品牌故事

給生活來首打油詩！

柴米油鹽醬醋茶，當年件件大桶挖。
而今七事包裝變，好油何妨自己打？
百多年前，高祖父李九英挑擔起家，
台北橋下的打油郎，勤奮可靠蒸蒸日上。
一九五〇，後代落腳迪化北街開設「李順利行」，
黑麻油、白麻油、茶油與麻醬……
油質純粹不混加，想買多少還能現場打，
「要吃的還是抹的？」發問的是三代老頭家娘，
那是用茶油保養肌膚頭髮的舊時光。
因為改建，油鹽醬醋買賣移至後門的安西街上。
二〇二三，老油勺交到了第五代手上，
老鋪搬回起家厝，新招牌換上高祖的名，
歡迎帶著瓶罐來打油，回到昔時日常。
還有隱藏版老牌醬料，調出古早味台菜秘方。
老油勺、老油桶、老招牌，五代人珍惜如常，
給生活來首打油詩，再舀一勺百年歲月的純香！

迪化街純香麻油老鋪——李九英 Lee' scoop

掀開白鐵蓋，麻油的濃香撲鼻而來，歷經了李家五代，一勺接著一勺，舀起了百年歲月的純香……

台北橋下的打油郎

一百多年前，靠近迪化街的台北橋下，有位少年郎推著攤車叫賣麻油，靠著信譽累積，業務不斷成長，在一八九〇年左右，高祖父李九英告別攤車型態，落腳迪化街北段開店。到了一九五〇年以李順利雜貨行作為商號，祈求生意順利，家業長久。

黑、白麻油、苦茶油及麻醬是店裡的主打，從高祖父時代至今始終如一，李家的油，油質純粹，不摻其他油品，顏色深，香氣更足。也在此時，店裡開始增加各式食材雜貨，如米、麵粉、醬油等調味醬料……，變成超過百樣商品的麻油雜貨行，供給鄰近包括大稻埕、延三夜市、昌吉街的老字號。

李順利行後來傳到了第四代李福進手上，媳婦許麗梅嫁進來的時候，還是二十五歲的千金小姐，婆婆李陳巧對她說，這家店就交給妳來扶持，從此掌杓四十八年，直到二〇二三年，兒子李祈漢返家接手，老油行由第五代正式接班。

回來接就對了啦！

李祈漢小時候，一家人就住在店面樓上，爸媽非常忙碌，家裡四個孩子常要下樓去幫忙把米、地瓜粉、綠豆、紅豆……等等商品分裝成袋，尤其過年更是會忙到深夜才能休息。他從小愛畫畫，高中學美術，從來沒有想過要接家裡的生意，直到一次聽見親戚跟爸爸說可以退休了，爸爸竟回答：「我要做到人生結束，這是我一生的志業。」二〇二二年爸爸驟逝，看著媽媽還是一樣守著店，李祈漢決定辭掉外面的工作，回來試試看，想讓當年生意盎然的光景再重現。

大稻埕不同於別的地方，充滿了人情味，老店有人傳承，最開心的是老客人和街坊鄰居。一位奶奶看他把店裡打理得乾淨清爽，開心地多買一些，忍不住叨念著：「你們家的麻油這麼好吃，收起來真的太可惜……」從返家至今，李祈漢無論走到太平市場或是去延三夜市吃東西，好多攤販都知道他是麻油店的兒子，看到他總是說：「回來接就對了啦！」還不吝嗇地分享他們的經營之道。

店家小檔案

店家名稱：李九英
店家地址：台北市大同區迪化街一段 347 號
創立時間：1950 年（營業登記年份），在地超過百年。
改造年份：2023 年
傳承代數：五代

重要紀事

1890 年　由攤車起家的高祖父李九英在迪化街北段正式開店。
1950 年　第三代登記成立李順利商號。
1992 年　迪化街店面地基受工程影響須長期修復，搬遷至後門安西街。
2023 年　第五代接手，搬回起家厝（現址），參加改造，改名「李九英」。

給生活來首打油詩！

傳了五代，除了堅持麻油的品質，店裡讓客人現場打油的傳統至今還是保留著，客人可以當場試試味道，也可以拿自己的容器來裝，依需要酌量購買，不用一次買一大瓶。古早時代對客人的體貼，正巧符合現代小家庭的需求，更呼應精簡包裝的環保思維。

曾因台北橋工程影響地基，遷到後門的安西街經營了近三十年，二〇二三年決定回到迪化街起家厝。同年，李祈漢與太太馨麗一起報名了「台北造起來」計畫，以創辦人先祖之名，品牌改名「李九英 Lee' scoop」再出發。歷經幾十年歲月的老油桶、老油勺以及門口的手繪老招牌終於退役，以新的姿態留在店裡向來客訴說著：「想當年……」；門口停著一台祈漢收藏的骨董機車，別具一格地喊「加油」！

「柴米油鹽醬醋茶，當年件件大桶挖。而今七事包裝變，好油何妨自己打？」顧問改編清代文人張燦的打油詩原作，變成李久英專屬的趣味打油詩。歡迎大家來買油、打油，為忙碌的現代生活，來首輕鬆懷舊的打油詩！

李順利行改造前，外觀如同傳統柑仔店。

改造前室內。

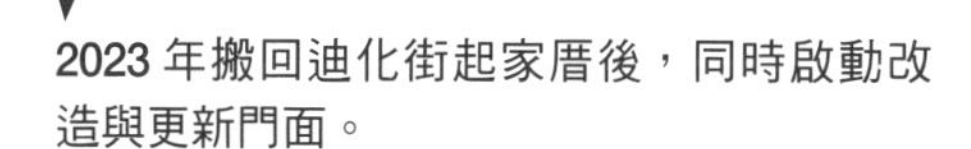

2023 年搬回迪化街起家厝後，同時啟動改造與更新門面。

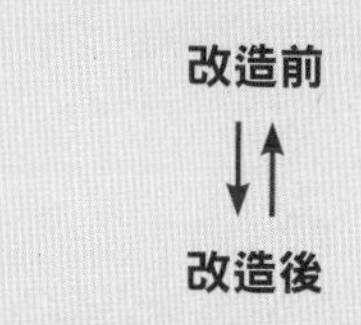

改造後，打油桶換新，舊版退休到一旁說故事。

改造後品牌故事牆搭配老件收藏。

改造後產品包裝。

改造後以更環保衛生的油桶，
保留打油傳統。

李九英加油站：「請幫我加 1 加侖麻油！」

案例

熱鬧與門道

Case Sharing

萬華

父與子的療癒風青草吧檯！

老濟安 Healing Herbar

青草與青草茶，不只你想的那樣。位於沒有人潮的街上，老濟安以一個頹舊倉庫蛻變，轉換古老的養生習俗，創造時尚的文化食飲，一個吧檯見證了兩代的生涯交接，也療癒著更多世代……

改造筆記

在沒有健保的古早年代，生活不寬裕的人家萬一生了病，負擔不起醫療費，會到廟裡拜拜求支藥籤，然後按神明指示到青草店抓藥。聽起來迷信不科學，卻是台灣曾經的社會景觀。萬華龍山寺旁的青草巷，就是這麼形成的。不論是感冒、傷風、筋骨痠痛、囝仔轉大人……，青草鋪裡抓把藥草，大火熬煮放冷服下。

從治病救人，轉成養生保健，守護著一代又一代人的健康，有人稱它「救命巷」，這條救命巷正是老濟安的發源地。

人稱王老師的王榮貴，是老濟安的第二代，從小隨著家人至山間水邊採草，協助店裡的大小事情，青草就是王榮貴的日常生活。一生鑽研青草浩瀚學問，是老主顧口裡的「王老師」，上千種青草的功效與典故，對應什麼樣的體質與體況，他瞭若指掌。

不習慣喧囂叫賣，老濟安多年前搬離青草巷的熱鬧街區，回到自家老舊的倉庫，營收以批發及老顧客為主，生意雖是忙碌，但客層逐漸老化，產業也逐漸式微，王榮貴與兒子柏諺兩人試圖向外拓展零售市場，然少了品牌形象加持，成長幅度有限。原為倉庫的店面空間簡陋，也難讓年輕一代施展身手。對於接班一事，柏諺原本不熱衷。反而是王榮貴老闆積極尋求外援，申請參加改造，希望自己的一身青草絕學能傳承下去。

療癒風青草茶吧

如何將古老的青草文化重新提煉，透過故事論述與形象包裝，跳脫傳統經營業態？

第三代王柏諺希望店裡不只賣藥草包，還能提供現喝體驗，於是我提出融合東方青草與西方吧檯調飲的概念，品牌定位為「療癒風青草茶吧」，搭配英文品牌名稱 Healing Herbar，結合 Herb（藥草）與 Bar（吧台）的複合字，呼應茶吧之品牌定位，讓千年智慧的青草，吹起一股清新療癒風！一方面由兒子柏諺發揮突破性創意研發青草茶新喝法，並尋找質感茶具；一方面請父親王榮貴老師從庫房裡搬出充滿歲月感的老器具。

我題了對聯「壺裡百草乾坤，杯中萬華長潤」作為品牌 Slogan，融合了商品精髓與地緣特色，既傳達青草浩瀚的養生智慧，更巧妙融入所在地「萬華」，標誌文化的傳承。上下聯就在店門入口兩側的玻璃門上，與室內橫樑上的橫批「濟世安生」彼此相映，進門前就能感受老字號的文化底蘊。

承襲品牌定位「療癒風青草茶吧」，店內特別設置一座吧檯，提供手沖品茶體驗。吧檯的高度也是學問，不是搭配高腳椅的時髦洋派酒吧，設計團隊特別挑選南投竹山竹凳，坐下來，彷彿喚起在鄉間泡茶桌喝茶的舊時記憶，融合了現代的新鮮與台灣在地的親近，店主與顧客、草藥與日常，就這樣拉近了距離。

兼顧傳承與體驗的青草文化博物館

吧檯後方的牆面，一顆顆透明壓克力球展示著青草乾料，搭配鐵管裝置傳達人體經絡的意象。另一側沿著樓梯下方，則陳列著古早時期切分青草的南剪與樟樹砧板、以及石臼與竹簳⋯⋯等傳統器具，儼然成為一間微型青草博物館。

整體空間也運用青草藥材妝點布置，一束一束別緻的乾燥青草從天花板上垂吊下來，彷彿時下流行的韓風乾燥花束裝置。這可不只是用來觀賞，「鵝不食草」、「天青地白」等青草束上繫著饒富趣味的名牌，讓人忍不住探究背後的典故。老闆娘學過插花，靈感一來，跟進設計出一朵朵青草乾燥花擺飾，放在吧檯邊或結帳櫃上，別緻有型。

青草茶還可以怎麼喝？

老濟安的店裝改造，不僅能傳遞青草養生文化，更要能融入未來的商業模式。「對消費者而言，除了買乾燥青草回家煮泡，或是外帶一杯涼茶，青草茶還可以怎麼喝？」我對柏諺出的考題，他回以一套深具儀式感的溫飲青草茶席。

我們一起調整流程步驟與名稱，依著季節，從聞香開始，逐步導引消費者進入五感的青草療癒世界，為傳統的草藥打造更精緻深入的體驗。柏諺接續開發了青草茶啤酒，站在吧檯後搖著雪克杯，第三代的創意眼光讓青草茶品飲變得時尚無比！

而四季青草茶席不僅引來無數老中青消費者，連不知青草為何物的外國觀光客也紛來聞香，還有高端溫泉會館等前來洽談合作開發沐浴青草包，也讓青草茶包、沐浴包打開新的銷售渠道。這是先吸引C（消費者）後招來B（企業客戶）的又一例。

這個青草茶吧，既是老爸的青草講台，也是兒子的創意舞台，兩代王老闆運用各自擅長的方式，將青草養身的智慧與魅力傳遞出去，而在過程中，兒子也逐漸接收了老爸的青草養生學問，正式接掌了家業。

改造後的老濟安，找出兩個世代共作的可能性，也打造了知識傳承的平台，凝聚家族事業的向心力。一杯現沖的青春，讓古老的青草活出新生命！

而在萬華疫情最嚴重的時期，王柏諺積極與萬華在地商家合作，也開展網路配送服務，並推出新款伴手禮禮盒。疫情過後持續開發新商品，例如：青草冰淇淋、青蜂爆米花、必勝防禦茶等，他還設計藥籤般的勾選單，讓來客可依據自身狀況選擇合適青草飲。而繼茶席體驗課程後，再開發客製療癒茶服務、藥草球體驗課程，不只在自家門市進行，也到其他企業、組織機構的場域進行體驗展演，並不斷應邀在四處講課，變成新一代的王老師。

（品牌梳理、文案與故事撰寫——甦活創意，設計與施工執行——樺致設計）

改造感言

第二代王柏諺

改造最大的收穫，是讓我和父親看到了青草行業的更多可能，並將自己這幾十年來的服務，重新一一點閱、挖掘，學習從第三者的角度，跳脫傳統的框架，讓品牌變得更有彈性地去創新。

品牌故事

療癒風青草茶吧——老濟安

艋舺囝仔出生龍山寺旁青草巷，
從小走遍田野河邊山間，採草尋芳。
魚腥草、咸豐草、蒲公英、紫莖牛膝……
向百百種奇株異草請益良方。
南剪、石臼、樟木砧板不停剁剁忙，
數十載調配熬煮，照顧人客安康。
解暑、沁心、醒神、通氣……
有恙無恙，青草茶奧妙不只你想的那樣。
老壺裡的乾坤，化成一杯潤澤的青春，
蕩漾萬般菁華，來杯療癒風青草茶吧！

壺裡百草乾坤，杯中萬華長潤——老濟安 Healing Herbar

消暑解渴的青草茶可說是道地的台灣飲料文化，但除了街邊攤子現舀現喝、便利店冰櫃裡的寶特瓶與罐裝，青草茶其實學問很大。

在沒有健保的年代，艋舺龍山寺旁的青草巷，守護著一代又一代人的健康。感冒、傷風、筋骨痠痛、囝仔轉大人等，青草鋪裡抓把藥草，大火熬煮放冷服下，治病保健顧身體，有人稱它「救命巷」。一個在青草巷出生的男孩，從小耳濡目染著青草的芬芳，長大後一生鑽研草藥的奧妙乾坤……

王榮貴小時候和玩伴穿梭在青草巷，聞著清新中帶著山野氣息的青草香，商家吆喝聲此起彼落，好不熱鬧。直到上了中學，家裡也從事起青草行業，學習國術及中草藥的大姊夫，在一九七二年，因為對植物的熱情，和大姊、媽媽開起了青草店。王榮貴的青草知識啟蒙，就從這時開始。

挽草仔的養生智慧

淡水河堤、八斗子海邊、新店山上，王榮貴跟著姊夫四處「挽草仔」，他們跋山涉水，俯身尋找青草的蹤跡。酢醬草、車前草、牛圳草等，田邊、堤防溝邊的低濕地是它們的家。還有龍鱗草、水蛙爪、蟑螂草等，是山裡常見的植物，趣味的名字，正來自葉子的外型。也有的草藥，不受環境影響，在哪裡都可生長，像萹蓄，田野小徑、荒地河邊都看得見它的蹤影。就這麼一株一株，從外貌的辨識開始，了解百草的性味、作用，一點一滴累積起青草的浩瀚知識。

大清早隨姊夫一起挽草仔，回到店裡就幫著媽媽姊姊整理、熬煮草藥。搬來樟樹砧板用南剪切分青草、再用石臼搗碎。青草就是王榮貴的日常生活。長大後，自然而然繼承了這個行業，店名改喚做「老濟安」，至今已四十五個年頭。

如果說姊夫是他的啟蒙，日後，客人也成為他修業路上的導師。有些長年惠顧的老顧客，總會回饋他們使用的經驗，王榮貴因此更深一層獲得書上也不見得記載的青草奧妙。這門學問，愈深入探索、愈深感學海無涯，也讓王榮貴更用心傾聽客人的需求，關心他們的食用狀況，調配出適合客人需求的養生茶飲，也順便教他們辨別青草品質的良莠，分辨加了硫化物或漂白過的加工藥材，因此成為老主顧口裡的「王老師」。

店家小檔案

店家名稱：老濟安
店家地址：台北市萬華區西昌街 84 號
創立時間：1972 年
改造年份：2017 年
傳承代數：三代

重要紀事

1972 年　創立於萬華龍山寺青草巷。
2010 年　搬回西昌街倉庫（現址）。
2017 年　參加「台北造起來」改造。

王老師擅長看客人「臉色」。面額泛紅、暗黃還是蒼白？眼神明亮還是黯淡？一看便知身體哪裡出了問題，或是有無睡眠品質與生活壓力的困擾。老濟安的青草與知識，改善了客人煩惱的身體狀況，曾有熟客轉介新加坡及日本的客人，帶著翻譯人員來店裡詢問有關健康養生的各種問題。也有香港導遊購買後，來台再度訂購送去下榻的飯店。本土的青草，飄洋過海為國外的朋友打理健康，也間接推廣了青草文化，這是王榮貴最欣慰的一件事。然而青草巷生意雖好，王榮貴卻不想成天應付川流不息的人潮，二〇一〇年把店面遷到原為倉庫的現址，以服務老顧客為主。這幾年來，店裡事務有兒子柏諺協助，王榮貴便常受邀演講、導覽教學，努力推廣台式青草文化。

即使如今已無需親自採摘青草，王榮貴對青草原料嚴謹把關的態度始終如一，青草與農作物一樣，天候、地力都會影響品質。王榮貴委請專人不定時親赴四十多處青草農園初篩樣品，再精選出數種悉心熬煮、調配，親自測試味道與功效。父子倆不惜成本時間，複方調配、低溫急凍，就是為了讓每種藥草發揮最完整的效用。

一杯潤澤的青春，濟世安生

一輩子浸淫青草裡，王榮貴苦思，這些匯集著代代智慧心血的青草藥材，能否有更廣泛的應用與傳承？二〇一七年，適逢台北市商業處「台北市美食店家再造計畫」，王榮貴與太太、兒子一起，在顧問團隊的協助下，合力打造全新的「老濟安 Healing

Herbar」，讓千年智慧的青草，吹起一股清新療癒風！

店內有超過千百種各式神奇青草，顧問題的對聯「壺裡百草乾坤，杯中萬華長潤」道出店內產品與地緣特色。一座青草吧檯，拉進了新世代的距離，別緻的手沖式茶飲，出自父子倆的創新研發。坐上吧檯，喝一杯現沖的青草茶，拿起一束櫃裡的青草，摸摸、聞聞，與大小王老闆聊聊青草的故事。還有沖泡茶包可帶走，無論冰飲熱喝，包你神清氣爽！

店內仍保有超過半世紀，用來盛裝草本的鐵桶。

讓民間養生的寶貝，重新回到我們的生活裡，王老師的台灣草藥學，可奧妙、可親切。老壺裡的百種乾坤與萬般菁華，化成一杯潤澤的青春，到了萬華記得走一趟西昌街，來杯療癒風青草茶吧！

改造前店內空間僅是倉庫。

改造前

改造後

改造後門面。

改造前靠樓梯的空間。

改造前

↓↑

改造後

改造後變成微型博物館。

王柏諺正進行客製化的手沖青草茶體驗。

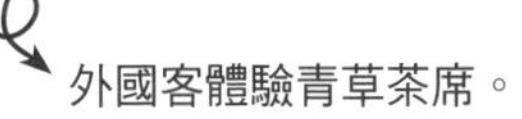

外國客體驗青草茶席。

改造後初期，店內活動時，父親在吧台前講說草藥，兒子在後方見習增加草藥知識。

一碗兩吃百年魷魚羹的艋舺故事

兩喜號 Liang Xi Hao

從「一焿兩吃」到「一碗兩喜」，萬華百年小吃人文顯影，不只賣老，還要賣出屬於老艋舺特有的腔調。兩喜號的品牌再造，讓一碗魷魚焿，上了主流國際媒體，也讓各國觀光客，吃到了台北限定的歷史文化……

改造筆記

萬華區除了宮廟多，美食小吃更是一大特色，多的是歷史悠久的老字號，「兩喜號」便是其中一家。二〇一九年申請加入改造行列時，差一年便滿百年。那年第四代陳輿安剛剛接掌，原是樂團吉他手，搖滾樂曾是他定調的人生主旋律，不料因為父親的殷殷期許，只得丟下吉他返家拿起焿勺，擔負振興百年老店家業的重任。

老店歷史追溯自一九二一年，陳輿安曾祖父陳兩喜當時才十八歲，挑著扁擔就在龍山寺廟埕上，露天叫賣魷魚焿，在鼎盛的香火襯托下，攤子上的熱氣從早食蒸騰到宵夜，溫飽了無數善男信女的肚子。而後第二代陳清水遷到有頂棚的臨時商場內，生意依然搶搶滾。一九八九年，第三代陳秉駿接棒，和妻子一起歷經攤位被迫遷移、重起爐灶的艱難，兩人努力打拚，終於在二〇〇三年，兩喜號在艋舺廣州街上有了自己的家。多年來，兩喜號已成為艋舺囝仔共同的記憶，經典電影《艋舺》都要來此取景。

一焿兩吃到一碗兩喜

四十多年前，因為魷魚成本高，許多店家就把魷魚切成細條，裹上厚厚的魚漿。兩喜號卻始終照著兩喜阿祖的做法，堅持要用新鮮魷魚條搭配旗魚丸。兩喜號傳承了四代，承載了阿祖的創意以及阿爸對品質不妥協的堅持。兩喜號的魷魚焿，有爽脆甘香的魷魚條，還有手捏的旗魚丸，新鮮甜美，一焿兩吃，兩種海味相互提鮮幫襯。

一直以來店家覺得理所當然的事，深挖下去，卻是品牌的珍貴資產。原有的 Slogan「獨家口味，與眾不同」，想傳達一焿兩吃的獨家特色，可惜少了些專屬性以及人文的溫度。我以對仗的「一碗兩喜，百年獨味」重新詮釋，將招牌魷魚焿一焿兩吃的特色賦予感性的想像，讓原本取自創辦人名字陳兩喜的品牌名稱，有了另一層專屬意涵。

百年小吃人文顯影

從百年前陳兩喜於龍山寺廟埕挑擔起家，而後落腳龍山商場，歷經商場拆遷，輾轉西園路亭仔腳，再度推起了路邊攤；最後，終於在廣州街夜市擁有了起家厝。老艋舺的魷魚焿，百年來傍著龍山寺幾度輾轉，藉著挖掘、梳理兩喜號四代於艋舺演進之歷史，讓百年老店的故事有了更立體的視角。

兩喜號有兩家店，先從位於廣州街的起家厝改造。老舊的店面，如何在重新裝潢後，仍保有百年老店的溫暖質感，更注入人文故事的深度?在設計團隊的操刀下，Logo以俯視一個湯碗的視角，呈現簡潔線條的魷魚與旗魚丸。整間店以品牌ＣＩ色——暖紅色塗裝，亮眼不失沉穩。

嚐一口艋舺的義氣！

二樓的文化牆，運用歷代掌門人物照、老艋舺歷史場景、相關輔助道具結合品牌故事形象文字，呈現兩喜號的百年傳承底蘊。並以第四代掌門人口吻來敘述兩喜號的發展軌跡。有品牌故事及歷史照片，還特意放上了電影《艋舺》中關於兩喜號的經典對白。

另為店內的招牌商品策劃復古海報牆，趣味文案融入店裡招牌小吃特色，也傳達艋舺所謂的「兄弟文化」。像是「霸氣米粉炒」、「爍起來滷肉飯」……團隊年輕人嗨起來耍創意，五大招牌小吃各自賦予了艋舺的靈魂，五兄弟海報一字排開，道地的艋舺市井腔調歡迎品嚐！

義氣魷魚焿——你以為你吃的是魷魚焿，其實吃的是艋舺的義氣。

霸氣米粉炒——火裡來、水裡去，炒什麼?!為了肚皮撩落去。

爍起來滷肉飯——香愁不在遠方。肉，爍起來吧！肖年仔。

海派綜合焿——海海人生同檔不同款，魷魚蝦仁魚酥花枝旗魚丸。

天婦羅×蝦捲老相好——酥得起，放得下，我們的愛如此甜辣。

身處熱鬧的艋舺夜市，改頭換面後的兩喜號總店，吸引了許多歐美觀光客前往。古早時代的磁碗重新復刻亮相，還有別具巧思的「籤詩碗」，這可是來自興安的創意。吃到碗底朝天迎來一個幸運的上上籤，有吃有保庇，一起祝願百年老牌的全新起點。而後廣州街夜市總店的視覺風格，也搬移到空間更大的西園路分店，並在二樓設置了充滿古早艋舺味的迷你故事館。

改造感言

第四代陳興安

兩喜號是一間百年老店，透過庭庭老師理性的分析、感性的打造，品牌形象煥然一新，傳統中帶有創新，將文化底蘊提取、發揚光大，讓兩喜號可以再走下一個百年。

少年掌門在經過課堂洗禮與品牌重整後，積極經營網路社群行銷、還製作了四國語言的歷史沿革文宣，而原本堅持不外送，在萬華最艱困的疫情期間，他靈活地與其他業者結盟建立自有的外送機制，暫停一間店，而後順利度過危機，生意繼續蒸蒸日上。

二〇二一年時任總統蔡英文接受CNN記者專訪，結束後與CNN團隊品嚐「兩喜號」美食，成為第一間和總統一起登上CNN媒體的台式餐廳。如今的兩喜號已是萬華的地標餐飲之一，各國觀光客與日韓名人相繼到訪，陳興安的演講邀約也不斷。

下一個百年，已經在路上！

（品牌梳理、文案與故事撰寫——甦活創意，設計與施工執行——陳舍設計）

品牌故事

一碗兩喜，百年獨味

西元一九二一年，香火鼎盛的艋舺龍山寺旁，
十八歲少年陳兩喜，肩挑扁擔叫賣魷魚焿。
魷魚切片爽脆甘香、條狀旗魚丸新鮮甜美，
一碗羹湯，嚐到了兩樣絕味。
料好人實在，從早食到宵夜人潮不絕。
兩喜廟埕挑擔起家，兒子清水龍山商場擺攤接棒；
一九八九年，祖業的重擔，傳到了三代秉駿手上，
一九九三年，龍山商場拆遷，西園路亭仔腳從頭再起攤，
二〇〇三年，廣州街上，兩喜號終於有了自己的樓厝，
二〇一五年，放棄音樂擔起祖業，第四代與安注入新血。
魷韌有魚的雙口感招牌不變，米粉炒滷肉飯也是必點。
穿越龍山寺風華百年，一碗兩喜，四代傳鮮。

艋舺百年魷魚焿——兩喜號 Liang Xi Hao

一九二一年，艋舺龍山寺消防隊邊，十八歲少年陳兩喜，挑著扁擔叫賣魷魚焿。廟埕上善男信女絡繹不絕，來拜拜、來求籤，和著龍山寺的裊裊白煙，從早食到宵夜。

一焿兩吃，一碗兩喜

兩喜的魷魚焿，有爽脆甘香的魷魚條，還有他親手捏製的旗魚丸，新鮮甜美，一焿兩吃，兩種海味相互提鮮幫襯，後來傳到了第二代陳清水手上，他在龍山臨時商場擺攤，雖然只是五、六個座位的小攤，生意一樣做得熱熱鬧鬧。

一九八九年，第三代陳秉駿接棒，他一退伍就接手家業，接著娶妻生子。只是沒想到，才過了三年，龍山商場卻因為捷運龍山寺站的興建而拆除，一切歸零，他和太太只好到西園路騎樓下擺攤。那是兩喜號最辛苦的時期，半夜出攤，得等到店家關門才能開始做生意，年輕的兩夫妻很拚，刮風下雨、颱風天，都捨不得休息。

離開了熟悉的地方，客人從頭招攬起。所幸老客人大老遠找來，就是為了要吃碗小時候的魷魚焿。最甘心的是聽到他們說，「會來吃，就是要來看看你們這對賣力的夫妻！」寄人籬下的心酸與溫暖，點滴在心頭，兩人努力打拚，終於在二〇〇三年，兩喜號在廣州街上有了自己的家。

四十多年前，因為魷魚成本高，許多店家就把魷魚切成細條，裹上厚厚的魚漿。兩喜號卻始終照著阿祖的做法，堅持要用新鮮魷魚條搭配旗魚丸。當時市面上一碗魷魚焿只要十元，兩喜號卻賣十五元，因為這一碗真材實料，懂得的人就知道！

米粉炒是另一個起家的招牌，米粉吸飽了特調醬汁，以爆香油蔥酥拌炒，再淋上獨門蒜醬引味。一碗魷魚焿加一碟米粉炒，從阿公阿嬤的古早時代吃到現在，在第三代秉駿夫婦的努力下，兩喜號陸續研發了滷肉飯以及各式焿類經典古早味。

老艋舺的味蕾記憶

百年的祖業如今由第四代陳輿安扛起，他放棄了正在起飛的搖滾夢想，從眾所注目的舞台轉身

店家小檔案

店家名稱：兩喜號
總店地址：台北市萬華區廣州街 245 號
西園店地址：台北市萬華區西園路一段 194 號
創立時間：1921 年
改造年份：2019 年
傳承代數：四代

重要紀事

1921 年　創辦人陳兩喜於龍山寺旁挑擔創業。
1993 年　龍山寺拆遷，西園路亭仔腳東山再起。
2003 年　買下廣州街二四五號為總店。
2015 年　第四代陳輿安返家接班。
2017 年　榮獲『中華民國優良創新老店在地深耕獎』。
2019 年　參加「台北造起來」進行改造。

湯湯水水的廚房，和一群看著他長大的資深阿姨員工們並肩作戰。二〇一九年，輿安帶領著兩喜號投入「台北造起來」店家再造計畫，老店新生，融入了艋舺在地的文化特色，重新訴說百年的老歷史與新故事。

這麼多年來，兩喜號已成為艋舺囝仔共同的記憶，連國片《艋舺》的拍攝，兩喜號也入了戲。「老闆，五碗魷魚焿帶走！」菜單寫上「廟口要的」，經典對白與場景，復刻了幾代艋舺人的青春光景。

1991年兩喜號在露店商場。

從百年前的龍山寺廟埕起家，再到龍山商場，輾轉西園路亭仔腳，最後在廣州街夜市安身立業。老艋舺的魷魚焿，穿越龍山寺風華百年，依舊是一碗兩喜的傳鮮滋味。

改造前的廣州街上的老店面。

改造前

↓↑

改造後

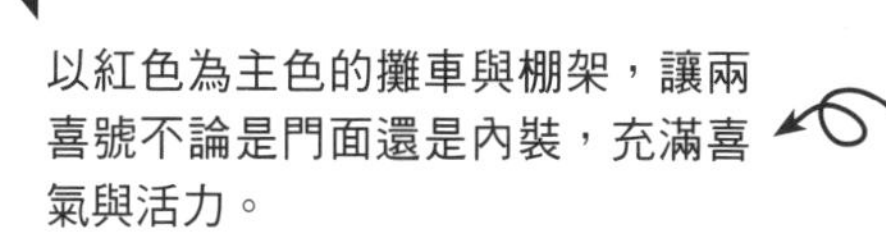

以紅色為主色的攤車與棚架，讓兩喜號不論是門面還是內裝，充滿喜氣與活力。

兩喜號改造前內裝。

兩喜號改造後的包裝上，印著店家的百年故事。

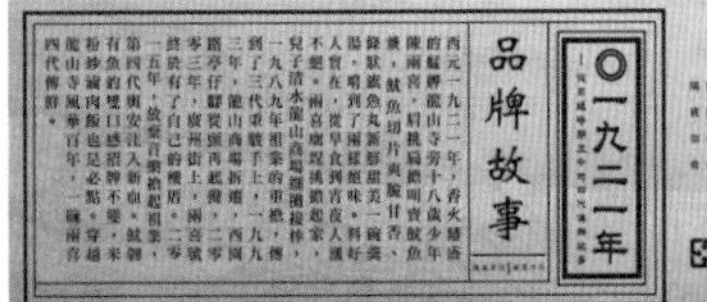

小旅行活動。

2021 年時任總統蔡英文與外媒 CNN 來店裡用餐。

西園路分店二樓設置了充滿古早艋舺味的迷你故事館。

夜市小吃攤升格觀光餐飲名店！

小王煮瓜 Wang's Broth

注入萬華獨有的市井味文創，小王清湯瓜仔肉變身為小王煮瓜。煮食攤車昇華成打卡裝置，辦桌的歷史融入空間。昔日的華西街小吃攤從本地人最愛，晉升為觀光客朝聖的排隊名店，連續六年獲得米其林必比登推薦……

改造筆記

華西街夜市的「小王清湯瓜仔肉」從小吃攤子起家，以獨門口味的清湯瓜仔肉與黑金魯肉飯打響名號，這艋舺在地人從小吃到大的道地口味，於二〇一九年首次榮獲米其林必比登推薦。這四十多年的老滋味，來自兩代「小王」。

清湯瓜仔肉是第一代小王——王明雄的發明，靈感來自他當過總舖師的老爸。瓜仔雞湯是台灣辦桌菜、酒家菜經典菜色，王明雄將雞肉換成了豬後腿肉做成的肉羹。專用老牌醬瓜罐頭「日光花瓜」調製湯底，費時費工熬出甘美湯頭，喝起來會回甘。另一個招牌是香菇滷肉飯，特選連皮的豬頸肉，手工切丁，帶著豬皮多了嚼勁，也讓整碗飯充滿膠質的濃郁口感，泛著黑亮的油光，人稱黑金滷肉飯。

後來兒子王捷生返家接棒，成了第二代小王。他從小就在攤位上幫忙，接班後完全遵循老爸制定的食材、製程與口味，和妻子羅淑玲一起，一個掌管煮食區，一個負責服務收帳，兩人把小王的招牌擦得更亮，從原本只是一個攤子，後來在後方擁有了自家店面，成為食客內用區。

重現庶民酒家菜的故事

只是店面過於老舊，還有漏水問題。而料理煮食區域是在店門口的攤車，一到夏天悶熱極了，衛生條件也堪虞，讓不少觀光客望而卻步，故而原本的生意是以萬華在地客為主。登上了米其林必比登後，第二代王捷生和太太羅淑玲亟思轉型，期望提升品牌形象，讓顧客有更舒適的體驗，也希望藉著這次改造，帶動起街上其他店家，重振華西街昔日風光。

首先，當然要凸顯米其林必比登推薦的庶民小吃。原本的店名「小王清湯瓜仔肉」註冊不了商標，同時冗長不好記，我建議改成「小王煮瓜 Wang's Broth」，提取、顯化了這道招牌菜的烹調手法。「小王煮瓜」鮮活的畫面感融和幽默的市井氣，傳遞小王家的煮傳美食。再與 Slogan「吃過的人都誇！」上下呼應，趣味反轉諺語「老王賣瓜，自賣自誇」！

而為了解決衛生之虞與夏季過熱的問題，我與其他顧問都提議將煮食區域移進有冷氣的偌大店內，然後將店門口區域設計為打卡區。這是一個巨大工程，先不談裝修美化，得先鑿牆挖壁，解決大面積漏水問題，再來重整空間配置，水電管線全部重拉，在材料費與施工費的店家自籌款部分，估計是一大筆支出。所幸店家眼光長遠，格局宏大，沒考慮多久就拍板定案。

在視覺方面，我特別跟設計團隊溝通，品牌的意象我希望是帶著市井味的文創感，能展現萬華特有的氛圍，並傳達品牌的起源跟料理特色。於是，從Logo開始，設計團隊以一系列插畫圖騰，為小王煮瓜渲染了專屬的視覺意象。穿著圍裙戴上眼鏡的小王，有時翹著二郎腿坐在巨型瓜上，有時賣力在巨型鍋邊煮食，充滿反差趣味感。

門面玻璃牆下方的裝飾，設計團隊原本打算採用壓克力材質，美則美矣，總覺得少了點特色。當時我福至心靈脫口而出：「改用罐頭如何？」後來設計師果然巧妙崁入店家使用的花瓜罐頭，成為一道獨有的門面風景。走進店裡，兩旁牆面穿插著別緻的設計與圖騰，融合了華西街的歷史及市井趣味，一旁的LED霓虹燈，小王兩字正閃爍著。懷舊的辦桌區就在店後方的一隅，銘記著清湯瓜仔肉的由來。原本為煮食區的店門前，特別裝置了一個復古的攤車造景，吸引年輕族群及觀光客駐足合影。

美食精髓、街區歷史與市井趣味融合一氣，老店立刻晉升華西街美拍地標。改造後店家開始開發票，定價也上調一些，雖遭部分本地客反彈抱怨，但外地客與觀光客大量成長，成為店裡的消費主力，每天店門口都有長長排隊人龍。老闆娘開心分享：不只是排隊的人大量增加，連入店的客人都變得更有氣質嘍！平均客單價也跟著水漲船高。不只如此，改造還帶動商圈同業跟進，在店面還在動工裝潢的時候，華西街上另外兩家店也開始裝修門面，原本沒落的華西街，人潮一天天變多了。

在二〇一九年改造輔導期間，顧問建議小王煮瓜可以發展冷凍宅配料理，將餐飲品牌延伸至產品品牌，店家積極採納，並迅速找到合作廠商，二〇二〇年初便上市，在團購市場大受歡迎，也打進便利超商通路。此舉加上積極與外賣平台合作，讓小王煮瓜順利度過疫情時期停止內用的危機，對營收影響降到最低。改造後，小王煮瓜連年得到米其林必比登推薦，截至二〇二四年已經六度蟬聯。二〇二三年下旬，受邀進駐桃園機場第二航廈美食區，成立第二間直營門店，在國門迎接國內外旅客，成為台灣美食代表之一。

（品牌梳理、文案與故事撰寫——甦活創意，設計與施工執行——此刻設計）

改造感言

第二代老闆娘羅淑玲

很感謝甦活團隊的幫助，讓傳統小吃生意轉變成有國際感的品牌，吸引各國食客。當初改造是為了讓顧客、員工有更舒適的環境，也想著有利於將來兒女接班、內部創業，沒想到有今天格局。如今回想，投入改造真的是至關重要的決定！

品牌故事

吃過的人都誇

總舖師阿公的瓜仔雞湯，
阿爸把它變成了瓜仔肉清湯！
老牌花瓜清煨大骨湯，提出甘甜清香，
豬後腿肉打魚漿，現捏現煮爽快肚腸。
一口瓜仔湯配肉羹，再來一碗黑金滷肉飯，
小王煮瓜，煮出醬瓜的古味新吃法，人吃人誇。
華西街夜市小食，躍上米其林必比登，
庶民的酒家菜，老艋舺王家的手路菜。
兩代小王合力辦桌，歡迎饕客進來坐！

米其林推薦庶民小吃──小王煮瓜 Wang's Broth

台北華西街，早上九點，一鍋甘甜清香的瓜仔肉清湯，配上一碗油亮亮、黑金金的香菇滷肉飯，這是咱艋舺人每日上工前的早頓。四十年的老滋味，來自艋舺兩代小王。

庶民版的酒家菜

第一代「小王」──王明雄，大家都叫他「小王」，他有個當過總舖師的老爸，在華西街賣日本料理。小王退伍後，為了不搶爸爸的生意，在他的攤位旁另開一攤，賣起了獨創的清湯瓜仔肉，當時是一九七五年。

清湯瓜仔肉是小王的發明，靈感則來自他當過總舖師的老爸。辦桌菜、酒家菜經典的瓜仔雞湯，但老爸總說，雞肉帶骨，小孩子不方便吃。小王於是將雞肉換成了豬肉羹。主角換了，但靈魂的湯頭可不能變。瓜仔雞湯專用老牌醬瓜罐頭「日光花瓜」調製湯底，王家的清湯瓜仔肉依然如此，運用獨家調配的食材比例與熬煮時間，熬出深不見底的褐色湯頭，喝起來卻會回甘，那是多年練就的功夫，以熬煮六小時的大骨湯底兑罐頭醬瓜汁，煨出最適的美味。

小王純手工製作的肉羹，以豬後腿肉製成，厚實又大塊。每天在熱滾滾的鍋前現捏現煮。入口前，灑點老牌黑胡椒，那是內行人的吃法。另一個招牌是香菇滷肉飯，特選連皮的豬頸肉，手工切丁，帶著豬皮多了嚼勁，也讓整碗飯充滿膠質的濃郁口感，泛著黑亮的油光，人稱「黑金滷肉飯」。還有燉肉飯，五花肉滷到入口即化，配上一樣滷到入味的白菜滷。一碗滷肉飯或燉肉飯，再配上一碗清湯瓜仔肉，經典絕配！

二代小王夫婦合力辦桌

十年前，小王的兒子王捷生返家接棒，他從七、八歲就在攤位上洗碗幫忙，華西街和這家店，成長的記憶都在這裡。為了不負老爸託付，也為了那些從第一代小王時期吃到現在的叔叔阿姨，一樣的日光花瓜、一樣是手工豬肉切丁，食材、製程、口味都要照步來。醃肉、滷肉等關鍵步驟，不假他人之手，就是要守住老爸傳下的味道。

他和太太羅淑玲一起擦亮了小王的招牌，熟客們三

店家小檔案

店家名稱：小王煮瓜
店家地址：台北市萬華區華西街 17-4 號攤位 153 號
創立時間：1975 年
改造年份：2019 年
傳承代數：兩代

重要紀事

1975 年　小王清湯瓜仔肉創立。
2019 年　參加改造，更名「小王煮瓜」。
2019 ～ 24 年　連 6 年獲得「米其林指南必比登」推介。
2022 年　品牌冷凍調理包開賣。
2023 年　進駐桃園機場二航廈 C3 街口食趣美食區。

天兩頭來一次，老闆娘對著叔叔、阿姨們噓寒問暖，和自家的美食一樣，緊緊抓住老主顧的心。在兩人的努力下，小王於二〇一九年獲選了米其林必比登推薦街頭小吃。米其林的殊榮讓夫妻倆更加戰戰兢兢，不僅心繫自家的店，更希望整條華西街恢復往日人氣，同年再投入「台北造起來」店家再造計畫，以「小王煮瓜」的新名字重新出發，老舊的門市改頭換面成打卡景點，特別的是店內一隅重現了辦桌場景，向總舖師阿公致意，更不忘清湯瓜仔肉的源起。

十年前，小王父子二代攜手傳承「清湯瓜仔肉」的好味道。

不賣瓜，只煮瓜，小王煮瓜煮出醬瓜的古味新吃法，庶民的酒家菜，艋舺王家的手路菜，吃過的人都誇！

在華西街立足 40 年的店面，看起來有些雜亂悶熱的空間，曾經讓觀光客卻步。

改造前

↓↑

改造後

更名為小王煮瓜後，移開門口煮食區，攤車成為迎賓裝飾，生意翻了好幾倍。

儘管得了米其林肯定，改造前小王清湯瓜仔肉店內裝潢是傳統小吃店的方桌板凳。

改造前

↓↑

改造後

原木為底的牆面與黃色溫暖燈光，以及多色的造型桌椅，讓小王煮瓜多了幾分時尚風格。

改裝後，店鋪內外區隔清楚，衛生大幅提升，有助於蟬聯米其林餐盤的肯定。

加上趣味手繪的紙餐碗。

牆面上強烈的插畫圖騰，塑造小王煮瓜的專屬視覺意象。

滷肉飯是道地台味象徵，有米其林的推薦後，成為觀光客到華西街必嚐台灣美食。

重繪西門町最沁心的懷念滋味

成都楊桃冰 STAR FRUITS ICE

西門町老牌名店搬離扎根超過半世紀的老店，不只是店家經營上的一次大變革，也是老顧客記憶的重開機。「成都楊桃冰」邁開步伐從成都路向左拐了彎，披上新袍站上中華路與峨嵋街口，沁人心脾的老味道少了座位，多了小文青新風貌……

改造筆記

創立於一九六六年的「成都楊桃冰」，是許多台北人兒時的回憶。夏日逛西門町，楊桃冰、鳳梨冰、李塩冰是最好的消暑良伴，比起如今到處都是的珍珠奶茶、手搖飲，更有濃濃古早味。顧名思義，「成都楊桃冰」成立於成都路上，就在捷運西門站六號出口，人潮絡繹不絕。但在二〇二二年，在此屹立超過半世紀的排隊老店卻面臨被迫搬遷的命運，也因此展開改造之路。

搬家轉型一次到位

話說當年有個叫鄭德川的年輕人，從小當學徒，習得一身製作楊桃蜜餞和李塩蜜餞的技藝，退伍後，跟父親合作創業，起先只是個小攤位，累積了足夠資金後便買下成都路原址正式開店。然而鄭家是大家族，店面產權經過三代分配與繼承，不到十八坪的空間，共同持有人高達十九人，鄭德川帶領妻子、兒女經營事業，雖也是產權持有人之一，每月得向其他共有人給付二十多萬元租金。鄭德川離世後，二〇二二年有家族成員想變現手上產權，在無法取得共識的情況下，聲請分割遺產拍賣後流入法拍市場，最終由合作金庫子公司標下。這個事件當年也上了新聞版面，喧騰一時。

眼看店面產權即將旁落，加上當時正值新冠疫情，頂著高度壓力的老闆娘帶著兒女，一方面積極尋找附近店面，一方面申請加入改造。通過甄選進入改造後，第一件事便是請我們協助評估新址。店家不願多談這段家族紛擾，但焦慮寫在臉上。

原店面因疫情已有長時間停止內用服務，以外帶、外送為主，顧客與服務人員也都適應了流程，何不乾脆改成常態？最終火速拍板距離原址約兩分鐘腳程，位於中華路、峨眉街路口的三角窗。原為賣飾品包包的店面不到十坪，過路人潮遠不如原址，但有開闊的騎樓與人行道為腹地，很適合直接轉為外帶型店面，大幅降低租金與人力成本。

而後溝通梳理品牌歷史與產品特色，發現創辦人鄭德川在屏東培養了契作楊桃園，堅持人工採收以避免機器落果造成損傷進而容易腐爛。楊桃摘下後，以不添加防腐劑的手工作法現場醃製，才能造就獨特的沁涼消暑的楊桃冰滋味。鳳梨冰、李塩冰也都是嚴格選料、製作。二代接班人鄭佩華與弟弟鄭為仁仍舊維持父親立下的標準與工序，但這些費時費事的製作過程以往卻鮮為人知。

圖文並繪現採現醃

在文字論述方面，品牌定位語「西門町最沁心的懷念滋味」以具象兼抽象的描繪，直接點出老字號的獨特地位。宣傳語「現採現醃，天然酸甘鹹」言簡意賅傳達特色製程與風味。而因應西門町大批觀光客群，幫原只有中文的品牌取了個英文名字「Star Fruits Ice」，楊桃英文為 Star fruit，而 Star 又有明星之意，標誌著品牌知名地位，並以複數 fruits 說明不只一種水果。在原店面交流過程中，發現牆上有幅對聯：「楊柳枝頭迎彩鳳，桃李滿樹舞春風」，二代鄭佩華靦腆表示是自己的創作，再由一位老顧客書寫。對仗雖不盡工整，但楊桃、李子、鳳梨等店內招牌冰品用的水果都包含進去了，寓意也吉祥，我請設計師也把這兩句納入新店面空間中，成為新店與舊店、二代與一代間的情感聯繫。

成都楊桃冰的 Logo 是一顆楊桃的立體切面，展現出 Star 的意象。店面牆上與騎樓柱子上以手繪風格，表達楊桃樹新鮮現採的意象，手繪風也延伸到裝醃漬水果的大型玻璃罐裝與楊桃冰製作工序。另外，善用三角窗優勢，製作兩面大型橫招，其中一面搭配手寫感立體字懸空而掛，彷彿親切地向過路人招手。整體色彩為清新綠，不只呼應品牌新鮮天然的訴求，也在對面、樓上店家們招牌看板一片萬紅叢中，顯得特別醒目。

不在成都路的新版「成都楊桃冰」，改造後隨即有大量舊雨新知尋來，排隊盛況再現，不少人覺得新店耳目一新，甚至以為變得更寬敞了。排隊人群中，有些人獨鍾此味，有些人來緬懷舊日回憶，有些人來朝聖打卡，有些人被新的設計氛圍吸引而來。至於喝到嘴中的一口是酸是甜，是濃是淡，每個人也許感受不一，甚至有人覺得店員老阿姨態度不夠有禮，但一致的共識是，老西門町的味道還在，真好！

（品牌梳理、文案與故事撰寫、設計與施工執行——甦活創意）

改造感言

第二代鄭佩華

當時剛才經歷過疫情，要一邊面對家族的人事，還要選址搬遷店面；壓力很大，但又想將父親一生心血傳承下去。真的由衷感謝庭庭老師把我們家的故事用美麗的文字記錄下來，加上清新風格的店裝，讓老欉的楊桃樹能夠繼續在西門町迎接新彩鳳。

品牌故事

現採現醃，天然酸甘鹹

樹頭，楊桃正鮮，
艷陽下的屏東果園，顆顆碩大豐美。
果子完好新鮮是美味關鍵，
契作果農小心以手採收，不用機器搖果，
現場洗淨入甕，歷時三個月醃漬入味。
鄭家兩代人的堅持與心血，
化成西門町最沁心的懷念。
古法醃製的楊桃、鳳梨與李塩，
和著酸鹹甜湯，清涼颯爽齒間！
從成都路到中華路，
西門町一甲子的酸甘鹹，
封存老台北青春歲月，一口回到少年～

西門町最沁心的懷念滋味——成都楊桃冰 Star Fruits Ice

楊桃冰、鳳梨冰和李塩冰，沒有華麗花俏外貌，只有實在用料，天然的酸、甘、鹹，西門町最沁心的懷念滋味，豐滿了一甲子的夏日記憶，更封存老台北的青春歲月。

現採現醃，天然酸甘鹹

創立於一九六六年，「成都楊桃冰」至今已是近一甲子西門町老字號。鄭德川從小當學徒，學習製做楊桃蜜餞和李塩蜜餞，退伍後跟父親合作開了小攤位，賺了些資金，後來於成都路正式開店，可說既是第二代，也是創辦人。

打從創立起，鄭德川就專程去屏東長治鄉契作果園採收楊桃，從一開始的採收就特別費工夫，他堅持以人工採收，而不用機器搖樹、搖果，因為這樣一來會撞壞楊桃，造成形貌不佳的缺陷瑕疵，損傷的楊桃也容易腐爛。一顆顆小心翼翼採摘，仔細清洗，再以傳統的鹽醃方式醃漬，醃製歷時三個月，如此才能保證楊桃已經「入味」，符合標準。而鳳梨則是以新鮮現煮的方式備料，使用台灣產金鑽鳳梨，手工切片熬煮糖水製成，含有整塊鳳梨果肉。大片果肉厚實口感搭配著甜香鳳梨湯加上碎冰塊，清甜颯爽齒間！

鄭家兩代的堅持與心血

約莫二十年前，成都楊桃冰開始由第三代接手。鄭佩華從小學畢業後每到假日都在店裏幫忙，大學就讀輔大食品科學系的她，畢業後負責店裏外場的銷售工作。弟弟鄭為仁則從國中開始，就跟著父親學習內場廚房的業務，直到大學畢業後接手父親的工作。姐弟合作，一主外、一主內，讓父親的手藝繼續下去！

創業難，守成更難。熬過西門捷運站施工的黑暗期，終於在一九九九年底通車後迎來生意的好轉，之後政府開放觀光，西門町商圈更熱鬧了。二〇一〇年電影《艋舺》上映，拍攝期間，導演鈕承澤因為從小對成都楊桃冰的感情，硬是把一場戲的場景改在店裏，電影賣座，也讓成都楊桃冰更受歡迎！

古法醃製、不添加防腐劑始終是成都楊桃冰的堅持，最難忘是辜成允先生過世後，他的孩子們將他最愛的台北小吃集結成冊，而成都的李塩冰就是他的最愛之一。當年父親還是學徒時學得的李塩蜜餞，目前也仍然製作販售，

店家小檔案

店家名稱：成都楊桃冰
店家地址：台北市萬華區中華路一段 144 之 1 號
創立時間：1966 年
改造年份：2022 年
傳承代數：兩代

重要紀事

1966 年　創立於台北市萬華區成都路三號。
2022 年　經歷嚴峻疫情，取消內用，發展外帶外賣。
2022 年　成都路店面因家族問題，產權被迫易主。
2022 年　參加改造，搬至現址，改成外帶店模式。

銘記著當年辛苦創業的歷史，更是許多老顧客獨鍾的一味。

新店址重生，重溫一甲子酸甘鹹

二〇二二年十月，成都楊桃冰從原址搬遷，新店面就在西門町的中華路與峨眉街路口。在這之前，成都楊桃冰接受「台北造起來」店家再造計畫改造，為老品牌重塑新形象，讓「西門町最沁心的懷念滋味」深植人心。隨著新店面裝潢落成，清新的楊桃樹牆面彩繪，加上醒目招牌，傳達老店用心與商品特色，帶領大家重溫一甲子的酸甘鹹。

長型加蓋玻璃罐裝的醃漬楊桃、李子、鳳梨，是成都楊桃冰的招牌裝飾。

當年，店裏吊著一幅老顧客親撰的對聯，「楊柳枝頭迎彩鳳，桃李滿樹舞春風」意思是楊桃、李子累累豐收，大家滿面春風，祝願成都楊桃冰如一株風姿搖曳的楊柳，歡喜迎接客人到來。這句對聯如今就在楊桃樹邊，伴著大家一起吃楊桃冰，過個沁涼酸爽的夏天！

（品牌梳理、文案與故事撰寫、設計與施工執行——甦活創意）

成都楊桃冰改造前門面（舊址）。

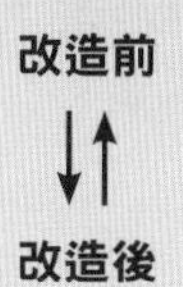

改造前

↓↑

改造後

成都楊桃冰改造前樣貌（舊址）。

成都楊桃冰改造後門面（新址）。

改造前

↓↑

改造後

成都楊桃冰改造後店裝（新址）。

改造前招牌蜜餞李塩是用塑膠袋裝。

舊的外帶杯裝。

新的外帶杯裝。

排隊人潮絡繹。

西門町台北城老鋪顯揚烹派日料

美觀園 MerryCuisine

有別於時尚、優雅的日本料理餐廳，屹立西門町七十多年的美觀園是人情味濃厚的老派日料，幾代少年郎流連其間，轉眼被歲月催老。長長的歷史軌跡中發生太多故事，淬取其中的代代香傳與杯歡離合，峨嵋街三十六號老店澎湃重生……

改造筆記

在最熱鬧的西門町峨嵋街徒步區上，兩家以台式日本料理著稱的美觀園斜對而立。這牽涉了一把火、兩兄弟、三代人的故事。

師承日治時期知名餐廳「柳屋」主人益島先生，張力仁的爺爺張良鐵戰後創業，於當時的台北城內開設餐廳，後在西門圓環鐵路邊打響美觀園字號，一九五七年買下並搬到峨嵋街三十六號，帶著弟弟與兒子們一同打拚。既有傳統日本料理，又有台式熱炒。物美價廉、份量豐富，還有大杯生啤酒，是很多人對美觀園的固有印象。

不久後，木造建築遭逢火災全毀，餐廳搬到對街四十七號。三十六號後來重建成三層樓，一二樓店面對外出租。四十七號產權登記在爺爺的弟弟名下，張力仁的父親張都宮也是爺爺的長子，繼承衣缽習得一身內外場好身手，成為餐廳重要主理人。張良鐵臨終前交代張都宮，為了日後發展不受束縛牽絆，可回三十六號自立門戶。張力仁回憶：「於是父親張都宮跟廚房老師傅們溝通，可自由選擇去留，結果一位選擇留下，與父親相差十三歲的叔叔也選擇留下，成為四十七號的主理人，美觀園的名字兩邊傳承使用，但商標權在父親手上。」從此兄弟隔街分庭抗禮，但彼此從不出惡言。

第三代長子展開改革

張力仁從小受到嚴格教育，並赴日留學習藝。回台後協助父親打理美觀園，並善用所學，發揮日式職人管理精神，從外場的客戶關係維繫，到內場的烹調工序、老品項口味維持、新菜色研發、擺盤美學、食材鮮度管控等等，在每個細節上親力親為，確保老字號的招牌不會變調走味。一派日本紳士長相的他，多年來跟老顧客培養出有如家人般的感情，很多熟客甚至把這兒當作自家廚灶一般。

儘管生意不絕，也順利挺過疫情，奈何很少在行銷面施力，數位化程度又有欠缺，全靠客人口碑相傳。隨著店面愈顯老舊，昔時的忠誠顧客也已紛紛鬢染風霜，張力仁開始有危機意識，尤其是新冠疫情大幅改變了消費行為，經營不能夠一成不變。只是一提到改革，上一代總是有諸多顧慮。一家將近八十年的老店，「老人家吃的是人生，中年人吃的是回味，但時下年輕人到底要甚麼，我抓不到……」張力仁無奈地說道。

正式從性格保守的父親手上接掌經營權後，張力仁決定大刀闊斧，讓美觀園不只是一個中老年人的美味懷舊聚場。二〇二四年，三十六號店終於加入了「台北造起來」，要在青春洋溢的西門町，吸引更多本地與國外年輕客群，來感受老店的獨特魅力。

台北城老鋪聚焦特色，展現年輕化

先來檢視商品：翻開老舊菜單，兩百多道菜品眼花撩亂，編號標示不一，菜品照片模糊，雖然對張力仁而言，道道菜都能說得頭頭是道，鉅細靡遺，上菜速度也快，但從消費者角度而言，若非識途老馬，光是看菜單定然有巨大選擇障礙。建議除了調整品項加以精簡化、系統化，重新拍攝菜品照，並設計了一份仿老報紙的創意中英文菜單，並且凸顯店內招牌菜色。例如厚切生魚片、味噌鮭魚燒、沾著自製美乃滋的炸豬排等等。店內還有二代老闆張都宮首創的一八〇〇CC台灣生啤酒杯，號稱「天王杯」，注滿後必須靠手持兩個杯耳才舉得動，隨著菜色上桌添增無數歡樂，也創下多個紀錄，獨特造型更成為鎮店之寶。

再來檢視名稱，為了跟叔叔的店做出區隔，三十六號店除了「美觀園」三個字還加註「台北城老鋪」，造成品牌名稱過於冗長。建議將後者置入品牌定位語，並另取新的英文名稱來區隔。新名「MerryCuisine」除了發音呼應中文，字面意思為「歡樂料理」之意。品牌定位語「台北城老鋪烹派日料」整合招牌標註之「台北城老鋪」，傳遞舊時代的老字號風範。台語「澎湃」意味餐宴之豐盛與氣勢，改以「烹派」兩字彰顯傳統老字號的台味底蘊、豐富多樣與烹調廚藝的講究派頭，以區隔時下日本料理店。

品牌 Slogan「大器吃喝，老少嗨樂」。從天王杯生啤酒、厚切生魚片等招牌餐點特色出發，以「大器」一語雙關形容料理份量、容器尺寸與食客的氣勢，召喚跨世代的老顧客與年輕消費者前來大快朵頤、歡樂暢飲，也與品牌英文名稱精神意涵一氣呵成。

店主表達希望將已註冊商標，位於店門兩側的鯛魚及章魚圖案重新設計為 Logo。我們建議保留經典但要展現新意。最終選定一款以天王杯為主要構圖，杯裡翻騰出浮世繪風格的啤酒海浪，鯛魚及章魚優游其中。拓印手感的畫風，結合較活潑的字體，既復古又新潮。而因店面有三層樓高，決定要製作一個吸睛的巨型 Logo 裝置。

為搭配這個創意，巨型 Logo 的下方兩側柱面上，我再添增一幅對聯式文案，上聯：「雙耳傾飲歲月澎湃，甘巴爹！」下聯：「一口盡嚐珍味山海，呷飽未？」採對仗與押韻形式，上聯以天王杯意象，誇張呈現品牌大器與歲月感；下聯表達料理多樣美味。上下聯末尾三字各為日文與台語問候語，活潑傳達料理台日混血的風格特色。

原本騎樓門面、柱面及三層樓空間兩旁鏡子牆面上，貼著各式老照片、紛雜的菜色圖片與冗長品牌歷程介紹，雖然傳遞了歷史感，但少了精緻與質感。有些地方還有漏水以及管線雜亂的問題，空間設計因此牽涉複雜的裝修工程。

而一邊進行改造，一邊忙著店務，店主夫妻也不忘認真上課，接受諮詢輔導，學習品牌溝通、餐飲經營與社群媒體行銷等最新的實用觀念與技巧。

既要傳承經典，也要與時俱進，二〇二四年底完成改造的美觀園，要書寫新時代的西門町傳奇！

（品牌梳理、文案與故事撰寫、設計與施工執行——甦活創意）

改造感言

第三代張力仁

甦醒老鋪美觀園，
活力再造一百年，
真材實料飽滿腹，
好上嘉賓代代傳。

感謝張庭庭老師及甦活團隊，讓老鋪不再成為人們懷念的歷史故事，而是能與時代潮流共進共存的見證者。

品牌故事

大器吃喝，老少嗨樂

台北城內起家，一九四六年，西門町圓環鐵路邊，
一家日料小食堂搬遷改名為美觀園。
戰前受柳屋主人益島先生傳授畢生絕學，
創辦人張良鐵先生以台鮮融合正統日式手藝，
美觀園從此走入台北人的飲食記憶，
眾多菜品澎湃道地、味美價宜。
歷經戰後匱乏、祝融浩劫、數次遷移，
還有二代兄弟分家，各自努力，
七、八十年歲月掏洗，老派日料依然屹立。
創始人長子張都宮與留日長孫張力仁帶領老師傅，
峨眉街三十六號傳承壯大了獨一的台北城老鋪。
厚切生魚片肥美新鮮，鮭魚味噌燒絕美鹹甜，
秘製美乃滋不同凡饗，還有各式熱炒必點，
再來份一八〇〇CC天王杯，生啤酒大器體驗。
碰杯！三代老字號懷舊時尚又烹派，
佇立青春正盛的西門町，天天樂嗨！

台北城老鋪烹派日料——美觀園 MerryCuisine

炸豬排沾著自製美乃滋、新鮮生魚片厚切、一八〇〇CC霸氣天王杯……美觀園走過戰後物資匱乏的台北城，歷經時代流轉，老味道與老字號青春正盛！

一九三〇年代，美觀園的創始人張良鐵先生自彰化員林北上艋舺，在日本料理店「柳屋」向益島先生拜師學藝，持續努力鑽研，後來甚至擔當起第一掌廚。一九四六年，從戰場歸來的張良鐵，重返台北城內草創「美觀食堂」，不久又將店鋪遷移至繁華熱鬧的西門町圓環鐵路旁，改名為「美觀園食堂」。三年後，長子張都宮也加入行列，並於一九五七年遷至現址（峨眉街三十六號），以物美價廉的台式日本料理打響名號。

美觀園現址曾因隔壁大火波及遭到祝融之災，於是搬遷至對街，張良鐵去世後，第二代兄弟各自獨立經營。張都宮和店裡大廚原班人馬回到原址獨立開店，如今由第三代長孫張力仁接棒，帶領店內資深師傅戮力經營，從爺爺、父親一脈相承的老招牌，擠身潮流文化林立的峨眉街，依舊熠熠生輝。

來美觀園必點厚切生魚片，老客人會坐上吧檯，與老闆熱絡寒暄，這裡的生魚片新鮮肥美，經典的握壽司上桌前，再刷上家傳的秘製醬油膏，承襲日本關西地區的吃法，一路可溯源至日治時期。除了日料，美觀園裡也藏著正統台味，台灣人最愛的庶民美食排骨飯，美觀園先炸後滷，筷子下去骨肉分開的軟嫩適口。而不論定食或蓋飯，白飯上都會放上幾條醃醬瓜，彷彿日式便當的醃蘿蔔，不可或缺的靈魂提味。

菜單翻開兩百多種餐點，許多是從創店保留至今的老味道。當年起家的招牌快餐，至今還在第一位，裡頭有炸豬排和火腿片，物資缺乏的戰後，配上一副刀叉，已是奢侈難得的洋食體驗，紀念時代的老菜，如今嚐來依然新鮮。還有外頭少見的鮭魚味噌燒，吃得出老字號的功夫與堅持。雜揉著台日身世的老派日料，連著排骨飯、綜合快餐等老味道，縮影了台味的歷史，讓跨越世代的客人老饕各擁所愛。

第三代老闆張力仁，留學日本時期再赴日本料理店習藝，回台後跟著父親打磨手藝，再為自家老店注入了新氣象。美觀園的美乃滋，酸中帶甜、柔滑順口，正是他每天照起工現打自製而

店家小檔案

店家名稱：美觀園
店家地址：台北市萬華區峨眉街 36 號
創立時間：1946 年
改造年份：2024 年
傳承代數：三代

重要紀事

1934 年　創辦人張良鐵北上至艋舺向「柳屋」日本料理餐廳學習廚藝。
1946 年　張良鐵於台北城內本町樂天地草創「美觀食堂」，後將店面遷址於西門町，更名「美觀園」。
1949 年　年少的二代長子張都宮參與經營行列。
1957 年　買下並搬到峨嵋街三六號（當時為兩層樓木造房）。
1965 年　36 號遭火劫後擴大改建，期間搬遷至 47 號，兩代兄弟協力經營。
1999 年　兄弟分家，二代張都宮率長子張力仁與資深師傅回到 36 號。
2024 年　第三代張力仁於正式接棒後，參加改造。

來，佐高麗菜絲是一道爽口的沙拉，沾著炸豬排、炸天婦羅，又能添加巧妙風味。和著每道定食出場，細數美觀園的招牌味道，絕少不了它。

大器吃喝，老少嗨樂

美觀園的另一個響噹噹的招牌，一八〇〇CC天王杯台灣生啤，是第二代老闆的創舉，他將常見的玻璃杯生啤酒一口氣放大三倍，怕太重不好單手拿，特別客製有兩個耳朵的巨型酒杯，方便兩手舉起暢飲，曾一舉拿下台灣省菸酒公賣局生啤酒銷售冠軍，至今穩坐鎮店之寶。每到周末，天王杯便是各桌上菜的重頭戲，生啤一杯、幾樣熱炒與炸物，三五好友開懷暢笑，這時的美觀園轉身居酒屋，無比澎湃熱鬧！

是日料老店，也是居酒屋，更是家庭餐廳，美觀園在每個台北人的心中各自留下青春的身影，美味雋永的餐點豈止是吃情懷？二〇二四年，張力仁與太太攜手一起投入「台北造起來」計畫，「台北城老鋪烹派日料」重新出發，復刻早期招牌上的字體，門面掛上巨型Logo標舉著新時代的美觀園。老圖騰裡的乾杯章魚鯛魚兩兄弟仍在，泡在天王杯裡宛如一幅現代浮世繪。

雙耳傾飲歲月澎湃，甘巴爹！一口盡嚐珍味山海，呷飽未？老派日料融入了台式DNA，「台北城老鋪烹派日料」珍藏著時代，佇立永恆青春的西門町，經典不滅！

老店舊店招強調是 **1946** 年的老鋪，卻沒有凸顯餐飲特色。

改造前

↓↑

改造後

美觀園新招牌定調為，這是間能夠享受澎湃日式料理美食的老鋪。

改造前的二樓用餐區略顯老舊。

改造前

改造後

用大型餐點海報與浮世繪風格店招妝點牆面，營造歡聚氛圍。

早期老照片

第三代老闆張力仁內場外場一手抓

美味的餐點與生啤酒

老店正潮：人文品牌街區發功

作　者—張庭庭
主　編—林正文
校　對—林秋芬
行銷企劃—鄭家謙
封面設計—林采薇
美術編輯—魯帆育

董事長—趙政岷
出版者—時報文化出版企業股份有限公司
108019 臺北市和平西路三段二四〇號七樓
發行專線—（〇二）二三〇六六八四二
讀者服務專線—〇八〇〇二三一七〇五
（〇二）二三〇四七一〇三
讀者服務傳真—（〇二）二三〇四六八五八
郵撥—一九三四四七二四時報文化出版公司
信箱—一〇八九九　臺北華江橋郵局第九九信箱

時報悅讀網—http://www.readingtimes.com.tw
法律顧問—理律法律事務所　陳長文律師、李念祖律師
印　刷—科億印刷有限公司
一版一刷—二〇二五年一月十七日
定　價—新台幣四五〇元
缺頁或破損的書，請寄回更換

時報文化出版公司成立於一九七五年，
並於一九九九年股票上櫃公開發行，於二〇〇八年脫離中時集團非屬旺中，
以「尊重智慧與創意的文化事業」為信念。

老店正潮：人文品牌街區發功／張庭庭著 . -- 初版 . --
臺北市：時報文化出版企業股份有限公司，2025.01
面；　公分
ISBN 978-626-419-186-9（平裝）
1.CST：品牌行銷　2.CST：商業管理

496.14　　　　113020451

ISBN 978-626-419-186-9
Printed in Taiwan